▶ 新闻学国家特色专业系列教材

fei xian xing bian ji yu ying yong

非线性编辑与应用

王建军 主编

史凌 沈洵 孙东 孙力 周晓东 副主编

南京师范大学出版社
NANJING NORMAL UNIVERSITY PRESS

图书在版编目(CIP)数据

非线性编辑与应用/王建军主编. —南京:南京师范大学出版社新闻学国家特色专业系列教材,2011.1(2023.8重印)

(新闻学国家特色专业系列材料)

ISBN 978-7-5651-0315-5/G·1562

Ⅰ.①非… Ⅱ.①王… Ⅲ.①图形软件,Premiere Pro CS4—高等学校—教材 Ⅳ.①TP391.41

中国版本图书馆 CIP 数据核字(2011)第 015243 号

书　　名	非线性编辑与应用
主　　编	王建军
副 主 编	史　凌　沈　洵　孙　东　孙　力　周晓东
丛书策划	林荣芹　王　涛
责任编辑	王　涛　邓丽红
出版发行	南京师范大学出版社
地　　址	江苏省南京市玄武区后宰门西村9号(邮编:210016)
电　　话	(025)83598919(总编办)　83598412(营销部)　83373872(邮购部)
网　　址	http://press.njnu.edu.cn
电子信箱	nspzbb@njnu.edu.cn
印　　刷	兴化印刷有限责任公司
开　　本	787×1092　1/16
印　　张	15.5
字　　数	344 千
版　　次	2011年4月第1版　2023年8月第6次印刷
书　　号	ISBN 978-7-5651-0315-5/G·1562
定　　价	40.00元
出版人	张　鹏

南京师大版图书若有印装问题请与销售商调换

版权所有　侵犯必究

总 序

　　教材是教师和学生据以进行教学活动的材料,是教学的主要媒体。教材又被称之为"课本",谓其乃课程之本,更突显了教材在教学活动中的重要地位。因此教材建设历来与基础设施建设、师资队伍建设并称为学校的三项基本建设。

　　新中国的历史上曾出现过多次高等学校教材编写的高潮。1951年3月,经政务院文化教育委员会批准专门成立了高等学校教材编审委员会,负责调查并搜集国内外高等学校教科书、教学参考书及其他有关资料,制定高等学校教材的编辑与翻译计划,特约专家、教授审查及编译高校教材,形成了第一个编写高潮。到了1961年,经历了大跃进和苏联专家撤走的冲击与影响,高等学校贯彻执行"调整、巩固、充实、提高"的方针,中共中央书记处指示教育部与国务院有关部门一起着手解决高校与中专学校教材问题,要求当时高校教材建设分两步走,"先解决有无,后逐步提高",对现有教材本着"未立不破"的原则,采取"选"、"编"、"借"的办法解决新教材问题,形成了第二个建设高潮。经过十年"文革"浩劫,到了1977年高校恢复高考招生时面临了又一次"教材荒",邓小平同志亲自过问教材问题和抓教材建设,指出"教书非教最先进的内容不可"。教育部组织重新编写和试行大、中、小学各科全国通用教材,从1978年9月开始投入使用,形成了第三次教材编写高潮。随着社会主义现代化建设的蓬勃发展和高校教材多样化需求的日益强烈,进入20世纪90年代以后,高校教材的陈旧和过于统一的问题再次突显出来。1991年11月国家教委发布了《教师编写教材若干问题的暂行规定》,制定了一系列的政策、措施和制度,鼓励和支持教师编写高质量的教材。后来,教育部又提出并实施了"面向21世纪教学内容与课程体系改革计划",在这一轮以课程为核心的教育教学改革中,涌现出一大批面向21世纪的新教材,形成了第四次高校教材建设的高潮。

　　高校的教材建设、教材编写有着自身的客观规律和基本要求。那种脉冲式的、运动式的教材建设有其深刻的历史原因,并非常态。教材建设是一项经常性的、与教育相始终的任务,呼应着社会经济、科学技术和文化教育的改革发展,高校的教材必须不断更新、不断丰富、不断建设。《国家中长期教育改革和发展规划纲要(2010—2020年)》不仅要求加强课程教材等基本建设,还要求"加强优质教育资源开发与应用,加强网络教学资源体系建设,引进国际优质数字化教学资源,开发网络学习课程"。这为新形势下面向未来的教材建设指明了新的方向、提出了新的要求。在教学资源日益丰富以后,教材的优质和特色就显得尤为重要。

　　三江学院的新闻学学科是江苏省重点建设学科,新闻学专业是国家特色专业建设点,其主要成就与特色在于着力培养新闻实务人才。为适应培养新闻实务人才的需要,必须创新人才培养模式,制定相应的培养目标、培养规格,改革课程设置、教学内容和教学方法,而这一切都必将在教材中有所反映。或者说,必须通过特色教材建设去培育、支撑、彰显专业特色,去实现既定的人才培养目标。正因为如此,三江学院文学与新闻传播学院组织编写了这套系列教材。在这套教材中,其内容既遵循教材的一般要求,阐述构成知识体系的术语、事实、概念、法则和理论,传授与技能和能力有关的各种技术、作业方式及步骤,揭示作为世界观基础的态度、观念以及可以激发非认知因素的事实,更重视适应培养新媒体时代新闻实务人才的需要。所以,这套教材在编写中更加重视创新性。随着新媒体的产生和发展开设新课或更新既有课程的教学内容。编写新教材,更加重视应用性,紧密联系实际,突出实践教学,聘请新闻实际工作者参与教材建设;更加重视多样性,在编写文字教材的同时组织力量制作配套的视听教材,努力把相关课程建设成为多媒体网络课程,这些正是这套教材力图形成的特色。或许它们在问世之初离追求的目标尚有一定的差距,但是在各方面的帮助之下,经过编写者的不懈努力,这些目标是一定能够实现的。

笪佐领

2010 年 12 月

目　　录

总序/1

基础篇

第一章　数字视频处理基础/3
　　第一节　概述/3
　　第二节　数字视频常用软件/11
　　第三节　数字视频处理技术在生产生活中的应用/18
第二章　非线性编辑概述/20
　　第一节　非线性编辑系统/20
　　第二节　非线性编辑技术/28
第三章　电视画面编辑/35
　　第一节　电视画面编辑概述/35
　　第二节　蒙太奇/37
　　第三节　电视编辑中的时空/40
　　第四节　电视画面的特性/42
　　第五节　电视画面编辑的规则和技巧/46

理论篇

第四章　Premiere 基础入门/53
　　第一节　Premiere Pro CS4 简介/53
　　第二节　Premiere 菜单介绍/59
　　第三节　Premiere 界面及工作窗口介绍/68
　　第四节　Premiere 基本工作流程/76
第五章　采集与输入/84
　　第一节　视频采集/84
　　第二节　录音/94
　　第三节　导入素材/95
　　第四节　管理素材/98
第六章　视频编辑与特技/103
　　第一节　窗口介绍/103

第二节 常用编辑工具面板/106
第三节 轨道的控制与装配序列/109
第四节 运用转场等常用技巧编辑素材/110
第五节 影片预览/119

第七章 字幕制作与节目输出/121
第一节 创建字幕工程文件/121
第二节 字幕的编辑/124
第三节 节目输出/130

应用篇

第八章 AVID非线性编辑系统简介/137
第一节 AVID基础入门/137
第二节 素材的采集与导入/157
第三节 基本剪辑/161
第四节 特效的使用/168
第五节 添加字幕/183
第六节 节目输出/189

实训篇

第九章 实验/197
实验一 初识Premiere Pro基本界面及操作/197
实验二 素材的采集、导入与管理/201
实验三 剪辑技术的应用/207
实验四 Premiere视频转场的应用/220
实验五 字幕制作/226
实验六 影片的输出/234
实验七 综合练习/238

基础篇

第一章　数字视频处理基础

第一节　概述

一、数字视频处理技术的发展

谈到数字视频的发展历史，不能不回顾计算机的发展历程，它实际上是与计算机所能处理的信息类型密切相关的，自 20 世纪 40 年代计算机诞生以来，大约经历了以下几个发展阶段：

数值计算阶段。这是计算机问世后的"幼年"时期。在这个时期计算机只能处理数值数据，主要用于解决科学与工程技术中的数学问题。实际上，世界上第一台电子计算机 ENIAC 就是为美国国防部解决弹道计算问题和编制射击表而研制生产的。

数据处理阶段。20 世纪 50 年代发明了字符发生器，使计算机不但能处理数值，也能表示和处理字母及其他各种符号，从而使计算机的应用领域从单纯的数值计算进入了更加广泛的数据处理。这是由世界上第一个批量生产的商用计算机 UNIAC—1 首开先河的。

多媒体阶段。随着电子器件的发展，尤其是各种图形、图像设备和语音设备的问世，计算机逐渐进入多媒体时代，信息载体扩展到文、图、声等多种类型，使计算机的应用领域进一步扩大。

由于图形、图像，最能直观明了、生动形象地传达有关对象的信息，因而在多媒体计算机中占有重要的地位。

在多媒体阶段，计算机与视频就形成了联姻。数字视频的发展主要是指在个人计算机上的发展，可以大致分为初级、主流和高级几个历史阶段。

第一阶段是初级阶段，其主要特点就是在台式计算机上增加简单的视频功能，利用电脑来处理活动画面，这给人展示了一番美好的前景，但是由于设备还未能普及，都是面向视频制作领域的专业人员，普通 PC 用户还无法奢望在自己的电脑上实现视频功能。

第二个阶段为主流阶段，在这个阶段，数字视频在计算机中得到广泛应用，成为主流。初期数字视频的发展没有人们期望的那么快，原因很简单，就是对数字视频的处理很费力，这是因为数字视频的数据量非常之大,1分钟满屏的真彩色数字视频需要1.5 GB的存储空间,而在早期一般台式机配备的硬盘容量大约是几百兆,显然无法胜任如此大的数据量。

虽然在当时处理数字视频很困难,但它所带来的诱惑促使人们采用折中的方法。先是用计算机捕获单帧视频画面,既可以捕获一帧视频图像并以一定的文件格式存储起来,也可以利用图像处理软件进行处理,将它放进准备出版的资料中;后来,在计算机上观看活动的视频成为可能。虽然画面时断时续,但毕竟是动了起来,带给人们无限的惊喜。

而最有意义的突破是计算机有了捕获活动影像的能力,将视频捕获到计算机中,随时可以从硬盘上播放视频文件。能够捕获视频得益于数据压缩方法,压缩方法有两种:纯软件压缩和硬件辅助压缩。纯软件压缩方便易行,只用一个小窗口显示视频,有很多这方面的软件;硬件压缩花费高,但速度快。在这一过程中,虽然能够捕获到视频,但是缺乏一个统一的标准,不同的计算机捕获的视频文件不能交换。虽然有过一个所谓的"标准",但是它没有得到足够的流行,因此没有变成真正的标准,它就是数字视频交互(DVI)。DVI在捕获视频时使用硬件辅助压缩,但在播放时却只使用软件,因此在播放时不需要专门的设备。但是DVI没有形成市场,因此没有被广泛地了解和使用,也就难以流行。这就需要计算机与视频再做一次结合,建立一个标准,使得每台计算机都能播放令人心动的视频文件。这次结合成功的关键是各种压缩解压缩(Codec)技术的成熟。Codec来自于两个单词Compression(压缩)和Decompression(解压),它是一种软件或者固件(固化于视频文件的压缩和解压的程序芯片)。压缩使得将视频数据存储到硬盘上成为可能。如果帧尺寸较小帧切换速度较慢,再使用压缩和解压,存储1分钟的视频数据只需20 MB的空间而不是1.5 GB,所需存储空间的比例是20∶1 500,即1∶75。当然在显示窗口看到的只是分辨率为160×120邮票般大小的画面,帧速率也只有15帧/s,色彩也只有256色,但画面毕竟活动起来了。

Quicktime和Video for Windows通过建立视频文件标准MOV和AVI使数字视频的应用前景更为广阔,使它不再是一种专用的工具,而成为每个人电脑中的必备成分。而正是数字视频发展的这一步,为电影和电视提供了一个前所未有的工具,为影视艺术带来了空前的变革。

第三阶段是高级阶段,在这一阶段,普通个人计算机进入了成熟的多媒体计算机时代。各种计算机外设产品日益齐备,数字影像设备争奇斗艳,视音频处理硬件与软件技术高度发达,这些都为数字视频的流行起到了推波助澜的作用。

二、数字视频的概述

数字视频就是先用摄像机之类的视频捕捉设备,将外界影像的颜色和亮度信息转变为电信号,再记录到储存介质(如录像带)中。播放时,视频信号被转变为帧信息,并以每秒约30帧的速度投影到显示器上,使人类的眼睛看到它是连续不间断地运动着的。电影播放的帧率大约是每秒24帧。如果用示波器(一种测试工具)来观看,未投影的模拟电信号看起来就像脑电波的扫描图像,由一些连续锯齿状的山峰和山谷组成。

为了存储视觉信息,模拟视频信号的山峰和山谷必须通过数字/模拟(D/A)转换器来转变为数字的"0"或"1"。这个转变过程就是我们所说的视频捕捉(或采集)过程。如果要在电视机上观看数字视频,则需要一个从数字到模拟的转换器,将二进制信息解码成模拟信号,才能进行播放。

模拟视频的数字化包括不少技术问题,如电视信号具有不同的制式,并且采用复合的YUV信号方式,而计算机工作在 RGB 空间;电视机是隔行扫描,计算机显示器大多逐行扫描;电视图像的分辨率与显示器的分辨率也不尽相同等等。因此,模拟视频的数字化主要包括色彩空间的转换、光栅扫描的转换以及分辨率的统一。

模拟视频一般采用分量数字化方式,先把复合视频信号中的亮度和色度分离,得到 YUV 或 YIQ 分量,然后用三个模/数转换器对三个分量分别进行数字化,最后再转换成 RGB 空间。

(一) 数字视频的采样

根据电视信号的特征,亮度信号的带宽是色度信号带宽的两倍。因此,其数字化时可采用幅色采样法,即对信号的色差分量的采样率低于对亮度分量的采样率。用 Y∶U∶V 来表示 YUV 三分量的采样比例,则数字视频的采样格式分别有 4∶2∶0、4∶1∶1、4∶2∶2 和 4∶4∶4 多种。电视图像既是空间的函数,也是时间的函数,而且又是隔行扫描,所以其采样方式比扫描仪扫描图像的方式要复杂得多。分量采样时采到的是隔行样本点,要把隔行样本组合成逐行样本,然后进行样本点的量化,YUV 到 RGB 色彩空间的转换等等,最后才能得到数字视频数据。

(二) 数字视频的标准

为了在 PAL、NTSC 和 SECAM 电视制式之间确定共同的数字化参数,国际无线电咨询委员会(CCIR)制定了广播级质量的数字电视编码标准,称为 CCIR 601 标准。在该标准中,对采样频率、采样结构、色彩空间转换等都作了严格的规定,主要有:
- 采样频率为 $fs=13.5$ MHz;
- 分辨率与帧率;
- 根据 fs 的采样率,在不同的采样格式下计算出数字视频的数据量。

这种未压缩的数字视频数据量,对于目前的计算机和网络来说,无论是存储或传输都是不现实的。因此,在多媒体中应用数字视频的关键问题是数字视频的压缩技术。

(三) SMPT 表示单位

通常用时间码来识别和记录视频数据流中的每一帧,从一段视频的起始帧到终止帧,其间的每一帧都有一个唯一的时间码地址。根据动画和电视工程师协会 SMPTE(Society of Motion Picture and Television Engineers)使用的时间码标准,其格式是:小时:分钟:秒:帧,或 hours:minutes:seconds:frames。一段长度为 00:02:31:15 的视频片段的播放时间为 2 分钟 31 秒 15 帧,如果以每秒 30 帧的速率播放,则播放时间为 2 分钟 31.5 秒。

根据电影、录像和电视工业中使用的帧率的不同,各有其对应的 SMPTE 标准。由于技术的原因,NTSC 制式实际使用的帧率是 29.97 fps 而不是 30 fps,因此,在时间码与实际播放时间之间有 0.1% 的误差。为了解决这个误差问题,设计出丢帧(drop-frame)格式,也即在播放时每分钟要丢 2 帧(实际上是有两帧不显示而不是从文件中删除),这样可以保证时间码与实际播放时间的一致。与丢帧格式对应的是不丢帧(nondrop-frame)格式,它忽略时间码与实际播放帧之间的误差。

(四) 视频压缩基本概念

视频压缩的目标是在尽可能保证视觉效果的前提下减少视频数据率。视频压缩比一般指压缩后的数据量与压缩前的数据量之比。由于视频是连续的静态图像,因此,其压缩编码算法与静态图像的压缩编码算法有某些共同之处,但是由于运动的视频有其自身的特性,因此,在压缩时还应考虑其运动特性才能达到高压缩的目标。在视频压缩中常需用到以下的一些基本概念。

1. 有损和无损压缩

在视频压缩中有损(Lossy)和无损(Lossless)的概念与静态图像中基本类似。无损压缩也即压缩前和解压缩后的数据完全一致。多数的无损压缩都采用 RLE 行程编码算法。有损压缩意味着解压缩后的数据与压缩前的数据不一致。在压缩的过程中要丢失一些人眼和人耳所不敏感的图像或音频信息,而且丢失的信息不可恢复。几乎所有高压缩的算法都采用有损压缩,这样才能达到低数据率的目标。丢失的数据率与压缩比有关,压缩比越小,丢失的数据越多,解压缩后的效果一般越差。此外,某些有损压缩算法采用多次重复压缩的方式,这样还会引起额外的数据丢失。

2. 帧内和帧间压缩

帧内(Intraframe)压缩也称为空间压缩(Spatial compression)。当压缩一帧图像时,仅考虑本帧的数据而不考虑相邻帧之间的冗余信息,这实际上与静态图像压缩类似。帧内一般采用有损压缩算法,由于帧内压缩时各个帧之间没有相互关系,所以压缩后的视频数据仍可以以帧为单位进行编辑。帧内压缩一般达不到很高的压缩。

采用帧间(Interframe)压缩是基于许多视频或动画的连续前后两帧具有很大的相关性,或者说前后两帧信息变化很小的特点。也即连续的视频其相邻帧之间具有冗余信息,根据这一特性,压缩相邻帧之间的冗余量就可以进一步提高压缩量,减小压缩比。帧间压缩也称为时间压缩(Temporal compression),它通过比较时间轴上不同帧之间的数据进行压缩。帧间压缩一般是无损的。帧差值(Frame differencing)算法是一种典型的时间压缩法,它通过比较本帧与相邻帧之间的差异,仅记录本帧与其相邻帧的差值,这样可以大大减少数据量。

3. 对称和不对称编码

对称性(Symmetric)是压缩编码的一个关键特征。对称意味着压缩和解压缩占用相同的计算处理能力和时间,对称算法适合于实时压缩和传送视频,如视频会议应用就以采用对称的压缩编码算法为好。而在电子出版和其他多媒体应用中,一般是把视频预先压缩处理好,而后再播放。因此,可以采用不对称(asymmetric)编码。不对称或非对称意味着压缩时需要花费大量的处理能力和时间,而解压缩时则能较好地实时回放,也即以不同的速度进行压缩和解压缩。一般地说,压缩一段视频的时间比回放(解压缩)该视频的时间要多得多。例如,压缩一段3分钟的视频片断可能需要10多分钟的时间,而该片断实时回放时间只有3分钟。

4. 数字视频压缩说明

如果使用数字视频,需要考虑的一个重要因素是文件大小,因为数字视频文件往往会很大,这将占用大量硬盘空间。解决这些问题的方法是压缩并且让文件变小。

使用文本文件,大小问题就显得不那么重要了,因为这样的文件充满了"空格",可以大幅度压缩,一个文本文件至少可以压缩90%,压缩率是相当高的(压缩率是指已压缩数据与未压缩数据之比值)。其他类型的文件,如 MPEG 视频或 JPEG 照片几乎无法压缩,因为它们是用非常紧密的压缩格式制成的。

三、为什么数字视频要压缩

数字视频之所以需要压缩,是因为它原来的形式占用的空间大得惊人。视频经过压缩后,存储时会更方便。数字视频压缩以后并不影响作品的最终视觉效果,因为它只影响人的视觉不能感受到的那部分视频。例如,有数十亿种颜色,但是我们只能辨别大约 1 024 种。因为我们觉察不到一种颜色与其邻近颜色的细微差别,所以也就没必要将每一种颜色都保留下来。还有一个冗余图像的问题,如果在一个 60 秒的视频作品中,每帧图像中都有位于同一位置的同一把椅子,有必要在每帧图像中都保存这把椅子的数据吗?答案是肯定的。

压缩视频的过程实质上就是去掉我们感觉不到的那些东西的数据。标准的数字摄像机的压缩率为 5:1,有的格式可使视频的压缩率达到 100:1。但过分压缩也不是件好事。因为压缩得越多,丢失的数据就越多。如果丢弃的数据太多,产生的影响就显而易见了。过分压缩的视频会导致无法辨认。

压缩视频的时候,请始终尝试几种压缩设置。目的是尽可能将数据压缩到最小,当数据丢失到从画面中能够明显看到时,再将压缩率稍微向回调一点儿。这样就可以在文件大小和画面质量之间达到最佳平衡。不要忘记,每个视频作品都各不相同,有些视频经过高度压缩后看上去仍不错,有些却不是,所以您需要通过试验才能得到最好的效果。

(一)位速说明

位速是指在一个数据流中每秒钟能通过的信息量。您可能看到过音频文件用"128-Kbps MP3"或"64-Kbps WMA"进行描述的情形。Kbps 表示"每秒千字节数",因此数值越大表示数据越多:128-Kbps MP3 音频文件包含的数据量是 64-Kbps WMA 文件的两倍,并占用两倍的空间(不过在这种情况下,这两种文件听起来没什么两样。原因是什么呢?有些文件格式比其他文件能够更有效地利用数据,64-Kbps WMA 文件的音质与 128-Kbps MP3 的音质相同)。需要了解的重要一点是,位速越高,信息量越大,对这些信息进行解码的处理量就越大,文件需要占用的空间也就越多。

为项目选择适当的位速取决于播放目标:如果您想把制作的 VCD 放在 DVD 播放器上播放,那么视频必须是 1 150 Kbps,音频必须是 224 Kbps。典型的 206 MHz Pocket PC 支持的 MPEG 视频可达到 400 Kbps,超过这个限度播放时就会出现异常。

(二)压缩策略

可以用多种不同的方法和策略压缩数字媒体文件,使之达到便于管理的大小。下面是几种最常用的方法:

1. 心理声学音频压缩

心理声学一词似乎很令人费解,其实很简单,它就是指"人脑解释声音的方式"。压缩音频的所有形式都是用功能强大的算法将我们听不到的音频信息去掉。例如,如果我扯着嗓子喊一声,同时轻轻地踏一下脚,您就会听到我的喊声,但可能听不到我踏脚的声音。通过去掉踏脚声,就会减少信息量,减小文件的大小,但听起来却没有区别。

2. 心理视觉视频压缩

心理视觉视频压缩与和其对等的音频压缩相似。心理视觉模型去掉的不是我们听不到的音频数据,而是去掉眼睛不需要的视频数据。假设有一个在 60 秒的时间内显示位于同一位置的一把椅子的未经压缩的视频片段,在每帧图像中,都将重复这把椅子的同一数据。如果使用了心理视觉视频压缩,就会把一帧图像中椅子的数据存储下来,以便在接下来的帧中使用。这种压缩类型叫做"统计数据冗余",是 WMV、MPEG 和其他视频格式用于压缩视频并同时保持高质量的一种数学窍门。

3. 无损压缩

"无损"一词的意思是"不丢失数据"。当一个文件以无损格式压缩时,全部数据仍然存在,这与压缩文档很相似。文档文件虽然变小了,但解压缩之后每一个字都还存在。您可以反复保存无损视频而不会丢失任何数据,这种压缩只是将数据压缩到更小的空间。无损压缩节省的空间较少,因为在不丢失信息的前提下,只能将数据压缩到这一程度。

4. 有损压缩

有损压缩丢弃一些数据,以便获得较低的位速。心理声学压缩和心理视觉压缩是有损压缩技术,压缩结果是文件变小,但包含的源数据也更少。每次以有损文件格式保存文件时,都会损失很多数据,即使用同一种格式保存也是如此。一条好的经验是只在项目的最后阶段才使用有损压缩。

四、数字视频的格式

1. MPEG-1

用于传输 1.5 Mbps 数据传输率的数字存储媒体运动图像及其伴音的编码,经过 MPEG-1 标准压缩后,视频数据压缩率为 1/100—1/200,音频压缩率为 1/6.5。MPEG-1 提供每秒 30 帧

352×240 分辨率的图像,当使用合适的压缩技术时,具有接近家用视频制式(VHS)录像带的质量。MPEG-1 允许超过 70 分钟的高质量的视频和音频存储在一张 CD-ROM 盘上。VCD 采用的就是 MPEG-1 的标准,该标准是一个面向家庭电视质量级的视频、音频压缩标准。

2. MPEG-2

主要针对高清晰度电视(HDTV)的需要,传输速率为 10 Mbps,与 MPEG-1 兼容,适用于 1.5 - 60 Mbps 甚至更高的编码范围。MPEG-2 有每秒 30 帧 704×480 的分辨率,是 MPEG-1 播放速度的四倍。它适用于高要求的广播和娱乐应用程序,如:DSS 卫星广播和 DVD,MPEG-2 是家用视频制式(VHS)录像带分辨率的两倍。

3. DAC

即数/模转换器,一种将数字信号转换成模拟信号的装置。DAC 的位数越高,信号失真就越小。图像也更清晰稳定。

4. AVI

AVI 是将语音和影像同步组合在一起的文件格式。它对视频文件采用了一种有损压缩方式,但压缩比较高,因此尽管画面质量不是太好,但其应用范围仍然非常广泛。AVI 支持 256 色和 RLE 压缩。AVI 信息主要应用在多媒体光盘上,用来保存电视、电影等各种影像信息。

5. RGB

对一种颜色进行编码的方法统称为"颜色空间"或"色域"。"颜色空间"都可定义成一个固定的数字或变量。RGB(红、绿、蓝)只是众多颜色空间的一种。采用这种编码方法,每种颜色都可用三个变量来表示——红色、绿色以及蓝色的强度。记录及显示彩色图像时,RGB 是最常见的一种方案。但是,它缺乏与早期黑白显示系统的良好兼容性。因此,生产量大的电子电器厂商,普遍采用的做法是将 RGB 转换成 YUV 颜色空间以维持兼容,再根据需要换回 RGB 格式,以便在电脑显示器上显示彩色图形。

6. YUV

YUV(亦称 YCrCb)是被欧洲电视系统所采用的一种颜色编码方法(属于 PAL)。YUV 主要用于优化彩色视频信号的传输,使其向后兼容老式黑白电视。与 RGB 视频信号传输相比,它最大的优点在于只需占用极少的带宽(RGB 要求三个独立的视频信号同时传输)。其中"Y"表示明亮度(Luminance 或 Luma),也就是灰阶值;而"U"和"V"表示的则是色度(Chrominance 或 Chroma),作用是描述影像色彩及饱和度,用于指定像素的颜色。通过 RGB 输入信号来创建,方法是将 RGB 信号的特定部分叠加到一起。"色度"则定义了颜色的两个方面——色调与饱和度,分别用 Cr 和 CB 来表示。其中,Cr 反映了 RGB 输入信号红色部分与 RGB 信号亮度值之间的差异。而 CB 反映的是 RGB 输入信号蓝色部分与 RGB 信号亮度值之同的差异。

7. 复合视频和 S-Video

NTSC 和 PAL 彩色视频信号是这样构成的——首先有一个基本的黑白视频信号,然后在每个水平同步脉冲之后,加入一个颜色脉冲和一个亮度信号,因为彩色信号是由多种数据"叠加"起来的,故称之为"复合视频"。S-Video 则是一种信号质量更高的视频接口,它取消了信号叠加的方法,可有效避免一些无谓的质量损失。它的功能是将 RGB 三原色和亮度进行分离处理。

8. NTSC、PAL 和 SECAM

基带视频是一种简单的模拟信号,由视频模拟数据和视频同步数据构成,用于接收端正确地显示图像。信号的细节取决于应用的视频标准或者"制式"——NTSC(美国全国电视标准委员会,National Television Standards Committee)、PAL(逐行倒相,Phase Alternate Line)以及 SECAM(顺序传送与存储彩色电视系统,法国采用的一种电视制式,SEquential Couleur Avec Memoire)。在 PC 领域,由于使用的制式不同,存在不兼容的情况。就拿分辨率来说,有的制式每帧有 625 线(50Hz),有的则每帧只有 525 线(60Hz)。后者是北美和日本采用的标准,统称为 NTSC。通常,一个视频信号是由一个视频源生成的,比如摄像机、VCR 或者电视调谐器等。为传输图像,视频源首先要生成一个垂直同步信号(VSYNC)。这个信号会重设接收端设备(PC 显示器),保证新图像从屏幕的顶部开始显示。发出 VSYNC 信号之后,视频源接着扫描图像的第一行。完成后,视频源又生成一个水平同步信号,重设接收端,以便从屏幕左侧开始显示下一行。并针对图像的每一行,都要发出一条扫描线以及一个水平同步脉冲信号。

另外,NTSC 标准还规定视频源每秒钟需要发送 30 幅完整的图像(帧)。假如不作其他处理,闪烁现象会非常严重。为解决这个问题,每帧又被均分为两部分,每部分 262.5 行。一部分全是奇数行,另一部分则全是偶数行。显示的时候,先扫描奇数行,再扫描偶数行,就可以有效地改善图像显示的稳定性,减少闪烁。目前世界上彩色电视主要有三种制式,即 NTSC、PAL 和 SECAM 制式,三种制式目前尚无法统一。我国采用的是 PAL-D 制式。

9. Ultrascale

Ultrascale 是 Rockwell(洛克威尔)采用的一种扫描转换技术。可对垂直和水平方向的显示进行任意缩放。在电视这样的隔行扫描设备上显示逐行视频时,整个过程本身就已非常麻烦。而采用 Ultrascale 技术,甚至还能像在电脑显示器上那样,进行类似的纵横方向的自由伸缩。

第二节　数字视频常用软件

一、视频数字化所需设备及功能

（一）系统组成（基于内部网络和公用网络）
- 摄像机
- 云台（可选）
- 逻辑电源变换器
- 报警装置
- 大容量存储设备
- 中央监控软件
- 中央监控管理计算机
- 电视墙（投影机）

各信息采集点由摄像机、云台（可选）、逻辑电源变换器、报警装置（根据需求选定）组成，每个点采集到的数据除了可以在小范围内部予以保存外，还可以根据需要及时将信息以数字方式传送到网络中心进行集中管理。信息处理中心是由高性能的服务器（根据用户需求配置）和中央监控软件组成，能够实现多路音视频的选择、切换，多路音视频的实时显示，云台控制，报警显示，报警联动和多路音视频实时存储、回放等功能，同时也可利用公共网络与其他学校和上级部门进行信息的共享和远程监看。

（二）系统功能

用户可直接实时查看每台摄像机所对应的场景，可选 1 幅、4 幅、9 幅图像显示，用户可对本地和异地所有考场的音视频进行切换。

如果配备了云台和云台解码器，用户可以用鼠标点击的方式，控制与各摄像机所连接的云台，做上、下、左、右等方位的运动。

通过各个采集点的报警装置，报警信息随时显示在中央监控系统软件的界面上，直到管理员对该报警事件做出处理。由报警信息自动触发摄像机启动录像，形成报警联动功能。设备可通过网络进行远端传输，将情况向上级教育机构报告。

在外部网络允许的情况下，实现电子考场的远程管理和监视，即可同时实现校园内部和外部授权部门的同时点播和数据保存。

对于已经存储的音视频录像，用户可任意选择其中之一，进行回放。可检索历史资料，具有图像打印、资料备份等功能,用户还可以自己设定录像的策略,包括在每月某天的某一时间自动录制,自动停止。可利用功能强大的第三方软件进行分割与合成,从而编辑成可直接进行广播的节目。

系统对各信息采集点的情况进行统一管理,音视频集中存储,具备有效的安全管理措施,可通过授权指定管理和点播某一特定的摄像机。软件提供导播功能,可将网络中任意摄像机采集的音视频作为广播源创建一个频道,其他所有网络中,计算机都可以切入该频道观看广播源提供的内容。

设备具有联网功能,并能与任何满足 TCP/IP 协议的采集设备和其他网络设备兼容,以满足远程点播与管理需要,满足升级扩展。例如,可通过摄像机提供的通用外接触发设备,来根据触发条件随时启动摄像机工作。

(三) IP 数字摄像机的优势

1. 系统先进,功能强大

利用综合布线网络和广域公众网络进行局域网和广域网的图像传输,并进行实时监控。系统所需的前端设备少,连线简洁;后端仅需一套软件系统即可。网络数字摄像机集成了图像声音采集模块、图像声音处理模块、图像声音压缩模块和以太网控制器的功能,将图像转换为基于 TCP/IP 标准的数据包,使摄像机所摄的画面通过以太网接口直接传送到网络上。通过网络即可远端查看画面、声音。网络数字摄像机采用了最先进的图像声音传感器技术、图像声音处理技术、图像声音压缩技术、数据加密技术和网络传输技术,具有强大的功能。内置的系统软件能实现真正的即插即用,使用户免去了复杂的网络配置;内置的 I/O 端口和通信口便于扩充外部周边设备,如:全方位云台,三可变镜头和其他自定义控制设备等,提供两路报警输入接口,1 路报警输出接口,一路 RS232 接口,可连接各种报警传感器,联动报警设备和其他扩展控制设备。

2. 性能价格比好

所需设备极其简单,系统的控制全由后端的软件系统实现,省去了传统模拟系统中的大量设备,如昂贵的矩阵、画面分割器、切换器、视频转网络的主机等。由于图像的传输通过综合布线网络,省去了大量的视频同轴电缆,降低了费用。在传统的模拟音视频交互系统中需要敷设大量同轴电缆,这对于施工和维护都将带来困难,传统的模拟音视频交互系统的大量故障都是由于线路的原因造成的。而采用网络数字摄像机进行音视频交互,所用的线缆为标准的计算机网络信息线路,可以为光缆或双绞线,网络数字摄像机只要插入标准的信息座即可以正常工作,标准的信息座除了可以连接网络数字摄像机外,还可以连接其他的网络设备,这样就可以在整个系统采用综合布线实现终端、计算机网络系统、报警系统、电话系统等几乎所有信息系统的布线问题。

3. 可扩展及延伸性好

信息采集点的增加和减少灵活方便,当需要增加采集点控制主机时,只需要通过现有网络增加一台摄像机或 PC 机即可,而不需要对现有布线系统做任何改动。由于增加和减少信息点不需要重新敷设电缆,只需要将网络数字摄像机连接到标准的信息座,并进行相应的软件设置即可,这样就可以非常方便地进行系统变动。

4．数字化信息便于传输、储存和处理

采用网络数字摄像机进行音视频信息交互,使整个系统的信息完全数字化,用户可以在网络的任何地方对任何采集点进行查看(只要有查看的权限),可以将查看到的采集点信息进行数字录像,可以对录像信息进行检索编辑处理等。

5．可靠性高

主要设备网络数字摄像机采用了嵌入式实时操作系统,所需设备简单,功能一体化,而图像的传输是通过综合布线网络实现的,系统的可靠性是相当高的。

6．安全性好

系统设置了不同等级的使用者权限,仅有最高级权限的用户才可对整个系统进行设置或更改。没有权限的用户是接收不到图像的,图像数据的存储是专有的格式。

二、数字视频编辑软件

1．Vegas4.0

该软件是 PC 平台上用于视频编辑、音频制作、合成、字幕和编码的专业产品。它具有漂亮直观的界面和功能强大的音视频制作工具,为 DV 视频、音频录制、编辑和混合、流媒体内容作品和环绕声制作提供完整的集成的解决方法。

Vegas4.0 为专业的多媒体制作树立一个新的标准,应用高质量切换、过滤器、片头字幕滚动和文本动画;创建复杂的合成,关键帧轨迹运动和动态全景/局部裁剪,具有不受限制的音轨和非常卓越的灵活性;利用高效计算机和大的内存,Vegas4.0 从时间线提供特技和切换的实时预览,而不必渲染;使用三轮原色和合成色校正滤波器完成先进的颜色校正和场景匹配;使用新的视频示波器精确观看图像信号电平,包括波形、矢量显示、视频 RGB 值(RGB Parade)和频率曲线监视器。

Vegas4.0 也在音频灵活性中提供终极的功能,包括不受限制的轨迹、对 24 bit/96 KHz 声音支持、记录输入信号监视、特技自动控制、时间压缩/扩展等等。Vegas4.0 具有超过 30 个摄影室品质的实时 DirectX 特技,包括 EQ、混响、噪声门限、时间压缩/扩展和延迟。Vegas4.0 充分结合特效、合成、滤波器、剪裁和动态控制等多项工具,提供数字视频流媒体,成为 DV 视频编辑、多媒体制作和广播等较好的解决方案。

2．Final Cut Pro 4

这个视频剪辑软件由 Premiere 创始人 Randy Ubillos 设计,充分利用了 PowerPCG4 处理器中的"极速引擎"(Velocity Engine)处理核心,提供全新功能。例如不需要加装 PCI 卡,就可以实时预览过渡与视频特技编辑、合成和特技,Matrox 最近宣布将给 Final Cut Pro 4 增加实时特性的硬件加速。该软件的界面设计相当友好,按钮位置得当,具有漂亮的 3D 感觉,拥有标准的项目窗口及大小可变的双监视器窗口,它运用 Avid 系统中含有的三点编辑功能,在 Preferences 菜单中进行所有的 DV 预置之后,采集视频相当好,用软件控制摄像机,可批量采集。时间线简洁容易浏览,程序的设计者选择邻接的编辑方式,剪辑是首尾相连放置的,切换(例如淡入淡出或划变)是通过在编辑点上双击指定的,并使用控制句柄来控制效果的长度以及入和出。特技调色板具有很多切换,虽然大部分是时髦的飞行运动、卷页模式,然而,这些切换是可自定义的,它使 Final Cut Pro 4 优于只有提供少许平凡运行特技的其他的套装软件。

在 Final Cut Pro 4 中有许多项目都可以通过具体的参数来设定,这样就可以达到非常精细的调整。Final Cut Pro 4 支持 DV 标准和所有的 QuickTime 格式,凡是 QuickTime 支持的媒体格式在 Final Cut Pro 4 都可以使用,这样就可以充分利用以前制作的各种格式的视频文件,还包括数不胜数的 Flash 动画文件。

总之,这是一个非常好的软件包,它提供较佳的编辑功能,具有像 Adobe After Effects 高端合成程序包中的合成特性。

3. Adobe Premiere Pro CS3

在 Premiere Pro CS3 之前,Adobe 公司相继推出了如 6.5、Pro 1.5 和 Pro 2.0 等多个版本。作为一个兼顾高端专业视频制作与低端家庭用户视频录制与处理的应用程序,Premiere 的实时的视频和音频编辑功能,使普通的个人电脑用户能够制作出具有专业水准的视频效果。Adobe Premiere Pro CS3 针对 Microsoft Windows XP 系统的出色性能而开发,将视频制作带入了一个全新的高度。Adobe Premiere Pro CS3 能够提供强大、高效的视频处理工具,包括三点色彩修正、YUV 视频处理、具有 5.1 环绕声道混合的强大的音频混频器和 AC3 输出功能,并专门针对多处理器和超线程进行了优化,能够利用新一代 Pentium D 双核处理器在 Windows XP 系统下进行自由编辑并渲染视频。Adobe Premiere Pro CS3 能够支持目前流行的 HDTV 高清晰度电视视频,用户还能够输入和输出各种视频和音频模式,包括 Avi、WAV 和 MFF 文件等。

Premiere Pro CS3 能够实现与其他相关软件无缝合成,如 Photoshop 和 After Effects 等。同时使用 Premiere Pro CS3 和 After Effects CS3,与分别独立工作视频及各种特效更为容易和流畅。另外,将带有图层的 Photoshop 文件输入 Premiere Pro CS3 时,既可以选择把图层合并后输入,也可以选择将每一个图层单独作为一个视频轨道输入。

4. Speed Razor 2000

Speed Razor 是 Windows 完全多线程非线性视频编辑与合成软件,提供全屏幕 D1 未压缩的品质视频,完全场渲染的 NTSC 或 PAL。它具有不受限制的音视频层,以及 DAT 品质输出的高达 20 音频层的实时声音混合。它同差不多所有的编辑硬件一道工作,提供实时双流媒体或单流媒体配置。现在,Speed Razor 有两个新的版本:Speed Razor 2000 和 Speed Razor 2000 X。这两个版本都增加了新的特性,例如可预设快捷键、多重二进制和导出 QuickTime 格式文件的功能。Speed Razor 具有专业的实时视频编辑、实时音频混合和实时视频特技合成的能力。Speed Razor 的主要特性包括:精确到帧的批量采集和打印到磁带、大量的快捷键、单步调整方法、不受层限制的合成,高达 20 个音轨的实时多通道音频混合,CD 或 DAT 品质立体声输出和将作品发送到网站上。Speed Razor 使用众多的视频采集硬件,包括 Pinnacle 系统 Targa 和 DC30 系列、Matrox DigiSuite、DigiSuite LE 和 DTV、FAST DV Master Pro、DPS Perception 和 Newtek Video Toaster。

除了 DigiSuite 先进的实时功能外,它多样的切换矩阵和灵活的过渡特技发生器都令它成为 Speed Razor 自由形式分层编辑和合成的理想的硬件平台。超高速多层合成,加上复杂的特技及移动遮挡和加速的图形转换,使其效率更高。

5. Ulead Media Studio Pro 6.5

它包括一个编辑程序包,它的文本和视频着色功能方面,具有特别的处理强度。Media Studio Pro 提供基于 PC 的纯 MPEG-2 和 DV 支持,它允许从录像机、电视、光盘或摄录一体机采集以及观看原始视频。使用 Ligos 公司的 GoMotion 技术,支持 IEEE 1394 和 MPEG-2 的 DV,确保高品质视频,并大大提高了生产效率。MSP 的视频编辑器集合了所有的视频成分——视频、声音、动画和字幕,并改进了这些成分,增加了特技和切换,可以将视频保存为一个文件,把它放在因特网、CD-ROM 或录制到录像磁带上。另一个包括 MSP 的最佳的小程序是视频着色,这一可动画的视频着色程序允许直接在视频序列中的任何帧上着色。对 MSP 的文本部分特别注意,名为 CG Infinity 这个十分完整的、基于矢量的图形制作程序可生成令人佩服的动画字幕和活动图像。

Media Studio Pro 6.5 增加了一些高级功能,包括 DV 场景检测、MPEG-2 编辑甚至还有 DVD 光盘制作(这些功能大多都是 Ulead 的消费类产品中首先推出的),它还提供了直接捕捉 MPEG-1 和 MPEG-2 的功能,以及 Vectorscope 和 Waveform 监视器以校正色彩。

6. United Media On-line Express

On-Line Express 是专为 DigiSuite 平台设计的。On-Line Express 支持所有 DigiSuite 实时功能,包括可调关键帧的慢动作控制、复杂的背景制作、四声道输入和输出、多层合成和加速输出到磁带。On-Line Express 用户还可使用遥控搜索钮。Discreet Edit 拥有非线性编辑系统需要的全部编辑能力:快速剪接、滑动、拖动、替换、插入和覆盖,同时为长短不同的项目提供极好的媒体处理能力。在多处理 Windows 2000 多线程环境中,使用 Edit 非线性编辑系统,将拥有从第一次剪接到在线全过程所需要的速度。Edit 桌面系统提供实时关键帧动画的全部图形和特效能力,实时访问 Combustion,它是著名的跟踪、图像稳定、绘画和颜色调整工具软件。这个 Windows 软件程序包根据使用的硬件不同有 5 个不同的特色,最好是使用 Matrox DigiSuite LE 和 Matrox DigiSuite 采集卡的选项 1 和选项 2。现在的版本 6.5 增加了更多的合成特性,与 DV 兼容,可与 Discreet 公司的其他产品更好地配合使用。它是编辑未压缩的视频的最佳解决方案,编辑是实时的,非线性编辑解决方案在该桌面上完成合成、抠像和直观的特技。Edit 完善的多层时间轴的垂直编辑完全使用 Alpha 通道,编辑复杂的关键帧,48 条实时音轨混编使 Edit 成为广播电视、多媒体项目完美的非线性应用系统。快速时间轴编辑,先进的特效和音频与 Combustion 结合,全部这些都支持广播质量的非压缩图像。Jobnet,一个功能强大的对编辑功能的扩展,在 Edit 工作站之间共享项目、工作组、时间线、媒

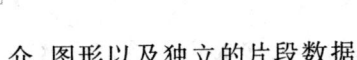

介、图形以及独立的片段数据。

7. AIST MoviePack

MoviePack 是一个用于 PC 的全功能的视频编辑、合成和图像动画软件工具,具有 3D 特技和超速渲染的先进的核心技术。核心技术 QPM 和 AMT 形成 AIST 的"直接实时预览"或 LPR 的基础,它不落后于用户的动作,并显示所有的变化,包括切换、特技、变形、颜色校正和字幕。这个软件包是围绕开放式体系结构构建的,它允许用户扩展它,这意味着当要求改变时不必去寻找另外的新程序。作为一个开放的插件主体,MoviePack 也给予自定义访问第三方厂家的插件。MoviePack 大的改革是 AIST 称为 Intelli 渲染的内容,使渲染的视频和剪辑能够从时间线直接播放,只有被修改的帧被重新渲染,不再需要重新渲染整个剪辑。

8. Incite Studio 2.6

它是一个 Windows 软件包,设计在 Matrox DigiSuite、DigiSuite LE 和 DigiSuite DTV 硬件上运行。Incite 提供一个易用编辑界面、多层的编辑方式,包含许多实用程序以及许多具有无限关键帧的实时特技。它是使用模拟磁带机器的最佳的系统,使用这些机器在同样的时间线上处理基于硬盘的所有剪辑。Incite 是第一款具有"混合"(将基于磁盘、磁带和现场的信号混合)编辑功能的基于 DigiSuite 的软件,还有配音录音及同时视频播放和录制。它充分利用 DigiSuite 平台的实时性能,复杂的合成可使用多层合成引擎完成,Incite 用户还可使用遥控搜索市场上最好的混合数字视频编辑器。

9. Avid Xpress 4

该软件拥有编辑层的独特的方法,视频是无损的。它是可以在桌面工作站或笔记本上使用的唯一的一个软件产品,用户界面非常像 Avid Media Composer。新的版本 Xpress 4 使用 Terran Interactive(包含 Media Cleaner EZ),增加了可以在任何地方提供媒体的功能,包括一套功能强大的视频编辑、特技、音频、字幕、图像、合成和协同工作的工具。Avid 单步技术通过与 Media Cleaner 整合,单步输出到 Web、DVD 和 CD 视频,包括超过 75 实时特技,加上更快速渲染特技。编辑选项包括录制到时间线、一个用图形表示的键盘、一个命令调色板、JKL 调整器、完整的二进制等等。为了与其他的 Avid 系统一起整合,该系统包括了对 Avid Unity MediaNet 的支持,也支持 AVX 插件以扩展特技调色板。对于电影制作人,FilmScribe 选项非常有用,可以从胶片到视频到胶片流畅过渡,Xpress 在 Windows NT 和 Macintosh 平台有多种配置。

10. Fred Edit DV

Fred Edit DV 是基于 Windows 2000 平台上的一种短小精悍的膝上型编辑设备,可以直接处理 DV 数字视频信号,是不需要任何视频硬件支持的纯软件编辑系统,用户只需一个 IEEE 1394 接口与设备连接,就能独立完成 DV 素材的采集/编辑/录制等非线性系统所能完成的工作。Fred Edit DV 首次在编辑中引入了 ID 号的概念,用户可以通过自定义 ID 号快速找到需要的素材。Fred Edit DV 为用户提供了字幕模板功能,用户可以直接将模板加到编辑线上,并且可以在编辑线上直接修改字幕内容。

三、数字视频编辑软件中的关键技术概念

1. 捕捉

所谓捕捉视频,这个说法是从模拟视频时代延续下来的。使用模拟视频设备的时候,计算机想要得到视频内容需要使用一个叫捕捉卡的高速 DA 转换设备来完成这个工作。如果捕捉卡或者计算机处理数据的能力不足,就会发生视频数据没有被保存到计算机的现象。因为模拟视频设备不知道发生了什么事情,它还在继续播放,这些没有被保存下来的数据就被"丢失"了。现在的数字视频就简单多了,因为不需要进行 DA 转换,视频设备输出的数字信号可以被直接保存到计算机中。现在的计算机硬盘速度都足够快,已经不用紧张地"捕捉"了,实际上它们只是在简单地进行拷贝。

2. 场景

一个场景也可以称为一个镜头,它是视频作品的基本元素。大多数情况下它是摄像机一次拍摄的一小段内容。对专业人员来说,一个场景大多不会超过十几秒,但是业余用户们往往按下拍摄按钮就会停不下来,连续拍摄十几分钟也很常见——一台机器拍摄你让我怎么停啊。所以在编辑过程中我们经常需要对拍摄的冗长场景进行剪切。托数字化的福,软件在捕捉过程中可以通过识别磁带上的时间码来判断独立的场景并进行切分。有的软件在捕捉过程中还可以自动根据镜头内容来切分场景——如果不能的话你也可以手动切分。切分完的场景在编辑的时候就可以方便地调整其起止时间,并安排它在影片中出现的位置了。

3. 字幕

字幕的意义不必多说,只要看过电视的人都见过。其实字幕并不只是文字,图形、照片、标记都可以作为字幕放在视频作品中。字幕可以像台标一样静止在屏幕一角,也可以做成节目结束后滚动的工作人员名单。转场过渡:两个场景之间如果直接连起来的话,许多情况会感觉有些突兀,这时使用一个切换效果在两个场景进行过渡就会显得自然很多。最简单的切换就是淡入淡出效果:前一个场景慢慢暗下去,后一个场景逐渐显示出来。花哨一点的则可以把后一个场景用各种几何分割方式展示出来,再专业一点还能让后面的画面以 3D 方式飞进来等等。切换是视频编辑中相当常用的一个技巧。

4. 滤镜

滤镜这个词应当是英文 Filter 的翻译。熟悉数字图像处理的朋友肯定对此不陌生。其实动态视频处理中的滤镜和静态图像处理的滤镜非常相似。通过在场景上使用滤镜你可以调整影片的亮度、色彩、对比度等等。

5. 特殊效果

就像电视上经常看到的各种花样,比如图像变形、飞来飞去的窗口等等,利用软件的特殊效果插件也可以很轻松地制作出来。当然消费类的产品和专业级的比起来功能要弱一些,但大多数情况下已经足够了。

第三节　数字视频处理技术在生产生活中的应用

一、专业与普通应用

和其他需要创意的应用一样,视频编辑软件也分为两类:像 Adobe Premiere、Pinnacle Edition 和 Ulead Media Studio Pro 这样的专业产品和更多面向普通用户的消费类产品。所有这些软件都提供了相似的捕捉、编辑和输出功能,但是专业级产品更加注重实现专业人员的创意,尽量提供自由而强大的功能,而消费类产品更加注重让使用者简单而快捷地完成一件不错的作品,易用性对这些用户来说就显得尤为重要。

举例来说,大多数消费类视频编辑软件都提供结构化的固定界面,而且音频和视频轨道的个数有限。比如 Pinnacle Studio 8 使用顶部的三个标签为核心的固定界面来引导用户逐步完成工作,它只提供了两个视频轨道和 3 个音频轨道;而 Adobe 公司的专业级产品 Premiere 则提供了完全可以由用户定制的窗口界面,音频和视频轨道个数也增加到了几乎不受限制的 99 个。

全面考虑一下,对大多数非专业用户来说,消费类的视频编辑软件是比较好的选择,这一类软件只需要很少的学习时间,对大多数普通工作来说也更简洁和高效。

二、新的趋势

视频编辑软件的一个新的趋势是开始集成 DVD 光盘制作功能,用户在一个程序中就可以完成 DVD/VCD 光盘菜单制作、内容安排和光盘刻录工作。不过市场上不仅有很多功能更强大的视频光盘制作软件,而且很可能在你购买刻录机的时候就会得到免费的版本,所以视频光盘制作功能并不是选择视频编辑软件重要的依据。

三、中国市场

在非专业领域,中国的视频编辑软件市场刚刚开始启动,所以并没有很多厂商在这里厮杀。现有的主要厂商包括 Adobe、Pinnacle 和 Ulead 三个厂商,在本次专题中我们测试了他们的产品。国外还有很多著名的视频编辑软件,但是我们往往只能在某些硬件打包的光盘中见到它们的踪影,基本上不能从市场上直接购买。不过考虑到希望让读者全面了解产品状况,我们翻译了美国 PC Labs 对其他软件的测试结果供读者参考。

思考题

1. 简述数字视频的定义。
2. 简述数字视频的发展阶段。
3. 数字视频的格式有哪些？
4. 简述视频数字化所需设备及其功能。
5. 试分析 IP 数字摄像机的优势。
6. 试举例说明数字视频编辑软件有哪些？
7. 简述数字视频编辑软件中的关键技术概念。
8. 试举例说明数字视频处理技术在生产生活中有哪些应用？

第二章　非线性编辑概述

第一节　非线性编辑系统

非线性编辑系统(Nonliear Editing System)又称桌面视频制作系统(DVP),是桌面数字视频(DTV)技术的成果。DTV技术是20世纪70年代后期发展起来的。该技术综合了多媒体计算机技术、数字视频硬件和软件技术,成为影视制作的主要技术平台。

非线性编辑是相对于线性编辑而言的。传统的编辑是基于磁带录像机的电子编辑,需要一个镜头一个镜头地按时间顺序进行编辑;而非线性编辑则是以计算机硬盘的数字录像为基础,其编辑操作包括计算机编程控制器、切换台、字幕机和调音台等设备(图2-1)。由于各种设备的性能差异,常出现不匹配现象,因而对视频信号造成较大衰减。而在非线性编辑系统中,把模拟设备的所有功能包容在计算机硬件和软件之中(图2-2),不仅节约了经费,而且多代复制没有任何损失。传统的编辑方式是录像机按时间顺序线性地播放磁带,编辑时必须反复搜索入点和出点,不仅要消耗许多时间,而且会导致磁头和磁带的磨损,对素材也会造成损失。而在非线性编辑方式中,上述的缺点则不复存在,用户可以直接从硬盘中以帧或文件的方式迅速、准确地存放和编辑素材,取消了令人烦恼的卷带时间,使节目的后期编辑加工更加快捷、高效,更能激发编辑人员的创造性。图2-3和图2-4分别给出了非线性编辑系统和传统编辑系统的原理结构图。

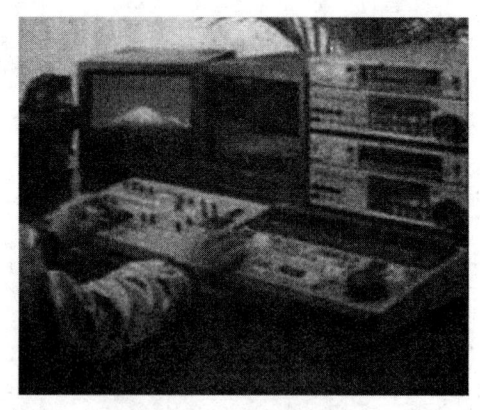

图2-1　传统编辑系统

图 2-2　非线性编辑系统

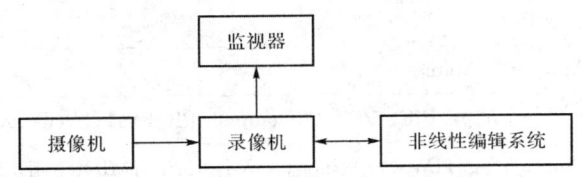

图 2-3　非线性编辑系统原理结构图

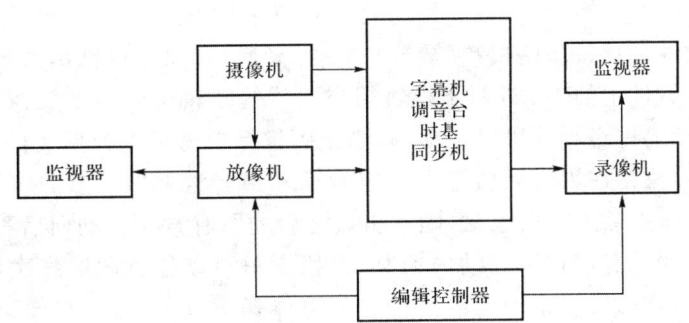

图 2-4　传统编辑系统原理结构图

一、非线性编辑的主要功能

非线性编辑系统涵盖了传统的编辑机、数字特技、图文字幕、切换台、二维及三维动画创作、多轨录音调音及编辑控制等诸多功能，几乎包括了所有的后期制作设备。具体可归纳为以下几点：

1. 动态音视频信号的采集和压缩

非线性编辑软件在计算机硬件和软件系统的支持下，对来自摄像机、录像机、视盘机和录音机等视听设备输出的动态模拟信号，进行数字化处理并实时动态采集。在采集动态视频时,可对图像的亮度、对比度等参数作必要的调整,以满足非线性编辑系统的要求。信号的采集质量与非线性编辑系统的硬件性能相关。例如,若硬盘的转速不够,就会造成采集到的视频信号丢帧。对编辑后的音视频信号的输出,可采用软件压缩或硬件压缩。硬件压缩用专用的硬件压缩卡来实现压缩算法,比软件压缩更快、更有效。要制作高质量的视频,必须使用硬件压缩。软件压缩分为 Video for Windows 和 QuickTime 两类,每一类都提供了多种压缩算法和相应的软件,可根据需要选用。一般来说,如果仅仅是在计算机屏幕上显示视频,则选用软件压缩就可满足要求。对于音频信号采集,可以选择不同的采样频率和量化值,既可与视频信号同时采集存在一个文件中,也可单独采集,形成不同的声音文件格式,见表 2-1。

表 2-1 非线性编辑系统的软件配置及文件格式

素材类型	文 件 格 式
视 频	AVI(Video for Windows);MOV(QuickTime for Windows)、FLM(FilmStrip);MPEG、MPG、MPE(MPEG)
动 画	FLC、FLI(AutoDesk Animator)
图形、图片	PSD(Adobe Photoshop);PIC、PCT(Macintosh PICT)、TGA(Targe File);TIF(TIFF File)
声音、解说	AIF(Audio Interchange);WAV(Windows Waveform);MIDI(MID File)

2. 音视频非线性编辑

非线性编辑软件都具备多路视频(视轨)和多路音频(音轨),可精确实现声、画同步,并以高精度实现编辑。软件中的 A、B 两条视轨相当于传统编辑机中的录放像机,计算机的硬盘相当于磁带,采集到的视音频片段以及动画、静止图像等素材都以数据文件形式存在硬盘中。在整个编辑过程中,只是在视音频轨道上指定画面和声音素材出入点的位置,系统自动实现编辑。如在任意编辑点插入一段素材,则编辑点之后的原有素材自动向后移;删除一段素材,则被删除素材之后的原有素材可自动向前补;每段素材可以任意截取多次使用;对于简单的切换可实时观看编辑效果;静止图像的持续时间可以任意设定,运动影像可通过设定时间实现 100 倍以上的快、慢动作处理。

3. 数字特技处理

非线性编辑软件具备强大的数字特技功能,是传统特技台所无法比拟的。利用这些功能,可以实现诸如视频图像的叠化、圈出圈入、三维卷页、翻转伸缩、波浪、柔化及飞入、飞出等特技画面效果,还可实现声音信号的混响、变声等效果。为了方便编辑操作,有些软件还提供了预演功能,编辑效果可通过预演窗口随时观看。

4. 键控功能

非线性编辑软件提供多种类型的键控方式,除了多路视轨外可实现多层视频影像的叠加,传统的特技台无法做到这一点。字幕与图像的叠加也是通过键控方式实现的。由于采用了边缘抗混扰技术,因此叠加的字幕或图像其边缘光滑无锯齿,质量很高。调整键控设置的某些参数,还能方便地控制叠加图像的范围、透明度以及淡出、淡入等等。

二、非线性编辑系统的分类

非线性编辑系统可分为两大类。第一类是实时非线性编辑系统。该系统是由计算机主机、视频卡、特技卡、音频处理卡、压缩卡、控制卡和硬盘机组成。通过视音频卡可实时采集视音频信号(两路复合、分量或分离),经数字化后记录到高速硬盘上。由于该类型非线性编辑系统采用了实时双通道的视音频卡,所以可以实时完成划像、抠像等处理,并在字幕卡和特技卡的支持下,完成二、三维数字视频特技(DVE)。因为该类非编辑系统的关键性工作由硬件来实现,所以实时编辑能力强,常用于新闻、现场直播等专业影视节目制作场合。第二类是非实时非线性编辑系统。同实时系统相比,该系统以软件替代部分关键设备,如用软件实现字幕叠加、特技制作等,因此,对硬件要求降低,价格也便宜。因为该类非编辑系统除了素材采集由视音频卡硬件完成外,大多编辑、合成工作由软件完成,需要计算机计算量大,所以达不到实时效果,可用于一般实时性要求不高的影视节目制作场合,如广告制作等。随着计算机性能的提高,非实时非线性编辑系统的性能提高也很快,逐渐成为非线性编辑系统的主流配置。

三、非线性编辑系统的软硬件配置

非线性编辑系统是一个扩展的计算机系统,它的一切操作都符合计算机的操作规范。非线性编辑系统可分为品牌整机产品、板卡加专用软件的 OEM 产品和板卡加通用软件产品。

品牌整机产品以 Avid 等公司的产品为代表。如 Media Composer 系统是主流电视节目非线性编辑的世界标准。Media Composer XL 系列的软件历经十代,已同时拥有 Macintosh 版本和 Windows NT 版本。近来推出的 Avid Xpress 是目前制作高品质视频和多媒体节目速度最快、最具创作力的系统。

板卡和专用软件的 OEM 产品以我国新奥特、大洋、奥维迅为代表。计算机平台和板卡是其他公司的产品,软件自己开发。板卡大都是加拿大公司的 Matro 视频产品,分为 DigiSuite 和 RT 两个板卡系列。其中 DigiSuite 系列板卡为广播级产品,也是 OEM 产品,具有高性能、稳定性好及易于开发的特点;RT 系列专为企业宣传片制作人、摄像师及多媒体制作人等设计,以突破性价位提供高性能三维实时特技和多种输出。

板卡加通用软件产品计算机平台是其他公司的产品,软件都是用其他公司的产品。软件主要为常用的视频编辑软件,如 Premiere。

板卡加专用软件的 OEM 产品、板卡加通用软件产品涉及计算机平台和外部设备的选型问题。

1. 计算机平台

计算机平台可选择基于工作站平台,基于 MAC 机和基于 MPC 机的平台。

基于工作站的非线性编辑系统采用 RISC 中央处理器。由于这类 CPU 的速度独立于系统的总线速度,因此在主板上除了 CPU 和高速缓存外,还在总线上设置专用集成电路。这些特别的设计可在不需要 CPU 的参与下执行内存和处理器的中断、UO 处理、总线控制及图像处理等操作。目前,常用的工作站有 SGI、SUN、DEC 和 HP 等公司的产品。其中,SGI 工作站最常见,该系统平台为 SGI NT 或 SGI 工作站系列,具有其他平台无可比拟的图形显示及图形运算能力,提供流畅的图形操作及处理能力。SGI 图形工作站提供最先进的 CPU 处理平台,在 NT 系统平台上提供 Intel 最先进的 CPU 处理器,在 Unix 系统平台上提供 MIPS 系统处理器,结合 SGI 高带宽的总线技术,提供极佳的平衡运算能力。但支持的通用软件较少,而且价格昂贵。

基于 MAC 机平台的非线性编辑系统采用 Apple 的 MAC 机多媒体技术,具有良好的文字和图形处理能力。早期的非线性编辑系统也大都采用 MAC 机作为计算机平台,如 Avid 公司的 Media Composer 系统和 Data Translation 公司的 Media-100 等等。

基于 MPC 机的平台已成为目前非线性编辑系统的主流,其主要原因是 PC 机的总线达到 64 位,微处理器的主频达到 GHz 级,操作系统支持数字视音频的操作,有较多应用软件与中文处理平台可供选择,并有大量资料可供参考。MPC 机的视频卡发展较快,有很高的性能价格比;系统价格便宜,扩充容易。对于中小单位和业余爱好者来说,还是选 MPC 平台比较好。

2. 非线性编辑板卡

非线性编辑板卡是非线性编辑系统最重要的接口设备。其他软硬件都是对其功能的辅助与发挥,板卡的差别基本决定了非线性编辑设备的差别。目前主流板卡生产公司有 Matrox 公司、Pinnacle 公司、DPS 公司、Reality Canopus 公司和 DVRex RTAvid 公司。不同非线性编辑板卡的区别主要在于信号输入输出格式、内部实时编辑格式、视频特技实时处理功能、通道设置、对第三方产品的支持以及选件扩展能力。

3. 外部设备的配置

(1) 硬盘的配置

专业非线性编辑系统应选用 SCSI 接口的具有 7 200 转/分转速的 AV 硬盘。业余系统可使用转速为 5 400 转/分的硬盘。配合 Pentium W CPU 视频捕捉时,丢帧现象要少一些,容量应大于 30 GB。因为 30 分钟的视频素材,要占用 20 GB 左右的硬盘空间。

(2) 视频卡的配置

视频卡是非线性编辑影视制作系统的主要组成部分。市场上的视频卡种类很多,业余系统的要求是可进行 30 帧/秒的连续性视频捕捉,具有 S-Video UO 端口。传统的复合视频接口即 AV,由于频带较窄,只有 240 线左右的分辨率。而 S-Video 采用 YC 分离的方式,即把视频中的亮度与色度信号分开传输,减少互相干扰造成的色渗现象,频带也较宽,分辨率可达到 420 线。此外,视频卡还应支持在捕捉和播放时可选择 PAL 或 NTSC 制式,这样可用来进行两种制式的编辑,还能做制式转换用。

(3) 显示器

个人影视制作系统不像桌面出版那样对显示器有很高的要求,所以一台中档显示器即可满足需要。当然,如果系统配置一台大的显示器,宽阔的屏幕空间会给工作带来很多方便。

4. 非线性编辑系统的软件配置

非线性编辑制作系统需要一个用于影片剪辑制作的软件。如 Adobe Premiere，Ulead Video Studio 和 Ulead Media Studio Pro 等。这类综合性的视频处理软件，除了能对视频进行采集和编辑外，还可以按 VCD、SVCD 及 DVD 视频标准或其他格式要求进行压缩输出。公司的 Premiere 应该是首选的，购买视频卡时，一般都会捆绑这个软件。Premiere 6.0 是 Adobe 公司推出的强大的视、音频非线性编辑软件，利用它可以完成影片剪辑、音效合成、动画、特技的制作、字幕的制作，以及在画面上添加字幕。

四、非线性编辑系统的技术指标

1. 压缩格式

目前广泛用于电视领域内的压缩格式主要有三种：Motion-JPEG，MPEG-2 和 DV。随着技术的发展，已可以在 MPEG-2 帧间压缩的基础上解决它的帧精度编辑及成本问题，因此 MPEG-2 压缩方式正被越来越广泛地使用。对于有数字录像机的用户来说，选购非线性编辑要注意压缩格式与录像机的配套问题，这样可以使用同一种格式连接，以避免不同格式之间进行转换带来的信号损失，并注意最好向 MPEG-2 压缩格式靠拢。

2. 压缩比

压缩比越大，信号损失越大；反之，压缩比越小，信号损失越小，但要求的存储硬盘更大。系统的最小压缩比是一个重要的评价指标，购买时必须弄清厂商所说的压缩比是指视音频处理卡的压缩比还是系统的压缩比。因为处理卡的压缩比可做得很高，但系统由于受计算机主板总线宽度、硬盘传输速度和存储文件格式的限制，使系统的最小压缩比不能达到处理卡的压缩比。随着大容量硬盘的发展及价格降低，最好选用压缩比小的产品。

3. 音频指标

高档的非线性编辑系统把音频的采集和处理都集成到视频处理卡上，这样无论在采集、编辑或回放时，都能自动将音频信号同步于视频信号，而且不会影响视频信号的质量。如：采用普通多媒体音频卡就不能满足广播电视的要求，系统需要拥有 CD 质量或更高的采样率（即高于 44.1 KHz）才能提供音频指标。此外，还要看系统能对多少轨音频进行实时放、调音和编辑，以及做均衡、延时、混响和变调等声音效果处理。专业的音频处理系统具有三芯的 XLR 接口。

4. 系统功能指标

具有多种视频接口以保证与录像机等设备的接口配套。

编辑功能应具备音视频非线性编辑、二维和三维特技、字幕和动画制作及图形制作等功能，编辑界面应该让操作人员感觉到直观方便，特别是对于初次接触的人员更要有此感觉。所有操作应该在同一屏幕上显示，各个功能窗口布置合理，使人一目了然。

现在随着硬盘容量的加大，硬件技术和软件水平的提高，特技生成的时间已越来越短，很多产品已能做到实时特技，即特技制作时所见即所得。因此，要尽量选购具有实时特技的系统,以免长时间等待。

用于播出的系统要具有快速准确的定位,即时播放,无需预览。在播出后要可以对未播出的节目内容进行修改,或插入新的节目内容。

视音频数据存放要采用标准的文件格式,这样在编辑过程中可避免进行文件格式转换而造成数据丢失。现在很多单位已建成或正在建设网络,因此选购非线性编辑系统硬件和软件时应考虑能否接入网络运行。

5. 系统的安全可靠性与升级服务

非线性编辑系统要注意软硬件的压缩格式是否使用同一标准模式,同时还需注意系统间的安全性及系统工作的可靠性。软件的安全性与软件是否是正版有极大关系。系统工作可靠性与系统的结构有关,系统中的插卡越多可靠性就越差。系统的视频处理、音频出现加速处理及双显示等多种功能集成到一块板卡上,就会由于减少插卡数量和连线而提高系统的稳定性和可靠性。选购时还要注意厂家的售后服务及软件升级性能。系统出现故障时,服务好的厂商能尽快地帮助排除故障,可使故障时间减到最少。

五、网络非线性编辑系统

单机非线性编辑系统无法实现并行工作方式及资源共享。单机系统在存储空间有效不够、素材的媒体文件共享无法实现,以及上下载设备的重复设置等方面的问题促进非编系统向网络化方向发展。随着网络技术的发展,非线性编辑网络系统已经在国内获得了较为广泛的应用。基于网络的非线性编辑系统具有素材共享、节约投资、经济高效、便于发布等特点,成为电视台等影视制作部门的配置方向。由于非线性编辑系统网络化的是数字化的广播及视频信息,数据量十分巨大,实时传输时对带宽要求很高,因此需用高速的传输介质与相应的协议,以及大容量高速度的存储设备。非线性编辑系统的网络化主要应考虑以下六个问题。

1. 视频网络构建

对于采用 DV 格式工作的非线性编辑系统来说,单通道 DV 数据流传输时要求系统速率须达到 25 Mb/s,双通道实时编辑时需保证恒定的 50 Mb/s,而对于画质、音质和实时性要求较高的广播电视台,要求的传输率还要高。目前,网络结构方案主要有:串行存储体系(SSA)、ATM、光纤通道(FC)及快速以太网(Fast Ethernet)。

2. 硬盘容量和数据传输率

对于 PAL 制的视频数据,如不压缩,则其数据率为 20 Mb/s（720×576×2×25）,由此计算出在某个压缩比情况下,一定素材量所需要的硬盘空间总和。例如,某个系统的总素材量为 8 小时,在压缩比为 4:1 时,总的硬盘空间需要 20×3 600×8/4＝144 000 Mb,即约 144 Gb(音频数据忽略不计)。视频网络系统所传输的数据量是非常大的,同时,系统要求数有很好的同步,即每秒严格 25 帧。因此,在编辑回放和采集时,对硬盘的读写速率和网络通道的带宽要求比较苛刻,即要求速率高。若系统的压缩比为 4:1,则工作站最大占用带宽 10 Mb/s。若网络中有 4 套工作站共享硬盘和网络通道,则硬盘和网络的传输速率需大于 40 Mb/s。

3. 共享硬盘阵列 RAID

它是利用若干台小型硬磁盘驱动器加上控制器,按一定的组合条件组成的一个大容量、快响应、高可靠的存储子系统。由于可有多台驱动器并行工作,因此大大提高了存储容量和数据传输率。而且由于采用了纠错技术,因此提高了可靠性。

4. 网络及管理软件

网络的目标是在一定的时间和距离范围内保持高速传输,其管理软件的主要功能是保证共享硬盘阵列的文件和目录信息对网络中所有工作站保持一致,也被用于管理共享信息的读取权限控制和支持多种操作系统平台。具体如下:

第一,用户账号权限管理。规定其用户对系统资源的访问权限,保护重要数据,避免由于操作引起的系统数据丢失。

第二,系统日志查询。记录所有操作人员在系统中的所有操作,作为日后查询和统计的依据。

第三,栏目管理。帮助用户对栏目资源使用、上机时间控制及栏目成员等进行管理。

第四,设备管理。控制栏目或用户对设备的使用,及系统设备有偿使用的计费控制等。

5. 传输介质

传输介质指数据在网络中传输的介质。常用的通信介质有双绞线、同轴电缆和光缆。双绞线用于 10 Mb/s 或 100 Mb/s 与以太网的连接。光缆用 1 000 Mb/s 与以太网和 FC 网中站点与系统的连接。双绞线的传输速率可达 100 Mb/s,传输距离不超过 100 m;使用光缆的数据传输速率可达 1 000 Mb/s。若在 FC 网络中,在 1 000 Mb/s 速率下,使用多模光纤则其最大传输距离为 255 m,单模光纤的最大传输距离为 10 km。

6. 网络的安全和稳定性

非线性编辑网络的稳定和安全性是非常重要的,它直接影响到节目的生产制作和播出。应考虑如下几方面因素:

(1) 单机工作站的安全性

主要考虑主机本身的稳定性、各板卡使用的兼容性,以及非线性编辑软件和网络管理软件的稳定性。系统内的各种非线性编辑站点都应具有不同接口的上下载功能和独立完成配音功能。

(2) 共享硬盘的安全性

磁盘阵列的容错功能,磁盘阵列控制器的质量,硬盘的质量,以及磁盘阵列的设计工艺,包括电源、风扇、机箱工艺及防震等。

(3) 服务器的数据安全

服务器负责整个系统的管理,其硬件和软件的安全性都较好,选用高性能的名牌产品,基本能保证安全性。也可采用集群式镜像备份方式,备份服务器。

(4) 网络硬件的安全

主要从购买硬件产品的质量以及系统设计、布线的合理性及生产安装的质量等方面加以保证。

(5) 网络结构

要做到播出系统和编辑制作系统分开,降低其相互影响。但在条件不具备的情况下,往往播出系统与制作系统是在统一的网络中,以降低成本。

六、非线性编辑系统的发展

随着技术的不断进步,全实时、不压缩的数字非线性编辑系统也陆续推出,人们称之为超非线性编辑系统。与目前流行的非线性系统比较,超非线性系统有如下的特点:

第一,具有更强兼容性的 PC 平台,可以阵列方式扩充硬盘,支持各种信号接口。

第二,实时二维、三维特技编辑,两轨实时编辑,多轨合成。

第三,高质量字幕,抗闪烁、抗抖动、抗锯齿,实时多屏上滚。

第四,精确遥控,盘带混合编辑。

第五,可实现图像不压缩、实时输入输出和编辑处理。不压缩的数字输入输出,使图像可达到高质量,并真正能与数字录像设备相匹配。

第六,图像可进行无限层的叠加、编辑及处理,并可立即播放预演,无需生成就可看到最终效果。而现在大多数的非线性编辑系统在预演前都必须进行生成,才能看到效果。也就是说,导演或制作人员在对一段素材进行处理后,必须等待一段时间(几分钟或几十分钟或更长,根据素材多少和机器档次而定),才能看到效果。如果需要对结果进行任何修改,则这次生成的结果将全部作废,再从头做起,然后再等待生成,看结果。如此往复,直到满意为止。这样做将浪费大量时间,而且很难做出精品。制作时间实际上大部分是在等待机器的生成。而超非线性编辑系统完全无需这一等待时间,无论是多少层的素材,也无论对其中任意哪一层进行修改,都可立即看到效果。这不仅节省了大量时间,而且使导演或制作人员的思路始终集中在创意和效果上。

第七,具有保留剧本的功能。对一些素材进行特技编辑和处理后,可保留功能的树结构,这样只需用另一组素材替换原素材,即可得到原来的效果,而无需重新制作。

第八,音视频均为无限层,并可在同一界面内任意编辑。由于无需生成就可预演,故可对前面所做的所有画面处理做无限撤销,直到最初进入界面的第一步。这就赋予创作人员更大的灵活性和方便性。

第二节　非线性编辑技术

一、设计分镜头稿本

在利用非线性编辑系统进行影视制作之前,应该对要制作的影视作品有一个大致的提纲,如创作的主题、成品放映时间、背景音乐的风格及特技效果的运用等等,这些都要事先确定下来。分镜头稿本的主要内容包括镜头序号、景别、画面内容、技巧、时间、解说词、背景音乐、现场声和场景转换等。目前,用常用文字处理软件如 Word 进行写作,对于一些常用格式,如镜头序号、解说词等可设置为样式或将稿本格式定义为模板,写作新稿本时直接调用。国外开发的编写剧本的应用软件,如 Scriptor 和 Final Draft 既提供文字处理又提供剧本设计。

二、视音频素材的准备和收集

这里的视频素材就是来自于传统视频设备的原始视频资料,如来源于摄像机、录像机、影碟机及电影影片等视频源的,包括从消费级到专业级质量的素材,甚至是计算机本身获得的图形、动画等资料。为了获得高质量的最终视频产品,高质量的原始素材是至关重要的,其结果直接影响到最终产品的品质,它是通过视频采集压缩插板及相应的软件来实现的。视频采集的方式主要有以下几种。

1. 外部视频源素材的收集

这种情况主要是将摄像机、录像机或 DVD 机的视频素材输出,可选择复合视频信号输出,S 端子及分量视频信号输出端口,连接到视频卡,通过视频卡捕捉到 AV 硬盘中,存为 AVI 格式(720×576)。未经压缩的 AVI 其数据量相当大,20 GB 的 AV 硬盘可存储 30 分钟左右的视频片段。另外,还要注意电视制式的问题,如果作品完成后要转回录像带,则通常是 PAL 制式,采用我国的电视制式,即 $768 \times 576 \times 25$ 帧/秒;如果要在 NTSC 制式上观看,则可用 $640 \times 480 \times 30$ 帧/秒格式输出。不同的非线性编辑软件其设置界面或方法略有差异,但大致可归纳为:

(1) 建立或选择当前目录

在录制前,首先要创建或选择当前目录,这主要是为方便用户管理素材。

(2) 视频录制设置

设置包括视频信号源的类型、录制方式及录制信号的质量等。信号源类型有复合(Composite)、S 端子(S-Video)及分量(Component);录制方式有自动(Auto)、手动(Manual)及定时(Time Elapse);录制质量分为数字级(Digital) 6 Mb/s、广播级(Broadcasting) 5 Mb/s、工业级(Industrial) 4 Mb/s 和脱机编辑(Off Line) 1.5 Mb/s。用户可根据需要设置,同时需要完成音频录制的设置。

(3) 原始素材的输入

单击控制面板上的"录制"按钮,在弹出的对话框中选所录制的最大帧数及录制时间等信息,再单击"确定"按钮则开始录制。录制过程可通过监视器来监视录制效果。录制结束,单击控制面板上的"停止"按钮,在弹出的对话框中键入所录制视频素材的名字,然后按"回车"或单击"确定"即完成录制操作。

2. 软件制作视频素材的收集

对于由 3DS Max、CorelDRAW、Animation 及 Flash 等软件制作的视频素材,在应用时

需通过非线性编辑软件与其他视频素材叠加合成后输出至高速硬盘;如果是独立的视频片段,则要通过格式转换后单独记录到高速硬盘上。一般非线性编辑软件的处理方法是,在用户操作界面的菜单上选择"FILE"中的"OPEN",选择目录,打开文件,再进行录制设置后,按"确定"按钮即可将该文件记录到高速硬盘中。

请注意,目前绝大部分非线性编辑系统使用的硬件均采用"一步获取及压缩"技术,就是在把视频数据送到硬盘之前,先对视频信号进行压缩。由于大多数系统使用 Motion-JPEG 压缩方法,采用全视频采集,需要对视频的每一帧进行采集和压缩,所以计算机采集视频时,数据的处理量和传输量相当大。如果微处理器和硬盘的速度不能与大量输入数据并驾齐驱,则系统就会过载,对于视频的采集就不完整,系统会采取"丢帧"处理的方法并报告丢帧的信息,在回放视频时会产生瞬间或连续的跳跃。

避免"丢帧"现象的处理办法:一是要明确硬件卡的性能指标,选择适合的压缩比;二是尽量选用性能优良的高速计算机,包括选用高速 CPU、高速硬盘及尽可能大的内存等,这样做有助于发挥采集压缩卡的最优性能。

3. 音频素材记录到硬盘

视频素材采集完成后,还要进行音频素材的准备。在录制音频信号前作好必要的硬盘准备,将音频源连接到声卡的输入端。如果用话筒,则连接到声卡话筒端口(Microphone);如果是其他声频源,则连接到声卡线路输入端(Line In)。一般声卡在录制时可回放,将声卡的线路输出端(Line Out)连接到扬声器或监视器的音频输入端,以便实时监听录制效果。音频录制方式有两种情况,可归纳如下:

(1) 音频与视频素材同时录制到高速硬盘

在这种情况下,在视频录制设置的同时完成音频信号的设置。设置主要为音频信号的质量,有:8 bit(位数)/Mono(单声道)/11 KHz(采样频率),8 bit/Mono/22 KHz,16 bit/Mono/22 KHz(相当于调频广播质量),16 bit/Stereo(立体声)/22 KHz,16 bit/Stereo/44 KHz(相当于 CD 质量)。注意,音频文件应保存在独立的文件目录中。

(2) 单独录制音频素材至系统硬盘

由于音频素材相对视频素材其量要小得多。一般单独录制的音频素材可存储在系统的硬盘上,不必保存在高速硬盘中。通常使用与声卡相配的音频制作软件,如 Creative 完成音频制作和编辑后保存为 Wav、MID 等格式文件。然后,音频素材文件与非线性编辑软件进行视听编辑合成。

三、数字视频编辑的要领

数字视频编辑也可称为录像编辑。录像编辑的过程就是根据内容和主题的需要,利用蒙太奇原理依照情节的内部联系和发展规律,对有关素材进行安排和处理,使之成为一个有机的整体。如同写文章要讲究章法一样,录像编辑也要讲究结构方法。文章的章法多种多样,录像编辑的结构方法也没有固定的格式,应依据内容和主题的需要确定。然而,有些规律性的东西却是通用的,如素材的取舍、段落与层次、开头与结尾以及镜头的衔接等等,都有一些普遍适用的规律可循,这些规律就是录像编辑的要领。

1．素材的取舍

编辑之前,首先要根据内容需要对已有素材进行取舍。材料取舍是影视片的结构基础。取舍的原则应该是:有用则取,无用则舍。取多少与舍多少要根据内容的需要,根据素材的具体情况来决定。取舍的目的是为了突出重点,因此必须舍得割爱,那些与内容无关甚至冲淡中心思想的镜头再好也要去掉。

2．层次与段落

一篇文章没有层次与段落就没有节奏,读起来使人感到平淡。如果层次不清,段落不明,同样会使人感到没有条理。一部影视片也是这样,内容是通过情节展开的,情节展开要有步骤和层次。所谓层次清楚、段落分明是指根据作品内在的规律性和逻辑性安排好情节的主次与先后。

3．开头与结尾

写文章讲究开头与结尾,因为文章的开头有提挈全局的作用,而文章的结尾往往是整个文章的总结。一部影视片也是如此,开头如果开得好,就会有吸引力,就能使观众的注意力一下子集中起来。电视画面变化快,不能长时间停留,观众的思考时间很短,因此开篇第一个镜头要使人看得清楚明白,才能给人留下较深的印象。结尾要收得住,才能起到"画龙点睛"和"锦上添花"的作用,不要"画蛇添足"和"虎头蛇尾"。总之,结尾压得住才能留下深远的意境,令人回味无穷。人们常用"凤头豹尾"来比喻文章的开头和结尾,对于电视编辑来说同样适用。

4．镜头的组接

电视编辑的基础就是镜头组接,镜头组接的好坏直接影响影视片的质量。镜头组接所包含的因素很多,概括起来主要是三个方面:情节因素、视觉因素和听觉因素。一般情况下这三个方面哪一方面不衔接和衔接得不好都会产生画面的跳跃,使人感到不协调、不和谐,严重时使人感到混乱。由于电视是综合性艺术,镜头的组接不能单独考虑一个方面的因素,而要从这三个方面综合考虑。有时从单独一个方面来看,镜头的衔接可能不好或者前后镜头似乎是不衔接的,但是综合起来看,却是协调、衔接的。比如,为了表达特定的内容,有时可以通过音乐、音响和画外音等听觉因素把一组光线、色彩等视觉因素不相衔接的镜头组接起来;有时为了烘托某种特殊气氛,可以把看起来跳跃的两个镜头衔接起来,造成强烈的艺术效果。如由远景跳到特写,由强音变为无声,由亮色调转为暗色调等对比强烈的手法可以表现内容的转折与矛盾的转化。总之,镜头组接要从内容出发综合考虑、统筹安排,避免片面性。

四、数字视频特技

非线性编辑系统都具备数字视频特技功能。数字视频特技是对输入数字视频画面进行变换。传统的模拟特技机在广播电视制作中已使用几十年,可对模拟视频信号进行多种特技处理。最常用的是把两个不同信号源的图像按不同的幅度变化和不同的时间先后相互转换,造成硬切(CUT)、淡入淡出(FAD IN/OUT)及化入化出(MIX)特技;也可以根据人造的各种分界线将画面分成两部分,将两个信号源的图像组成一个新图像或在两个图像间相互转换,造成滑变(WIPE);或根据信号本身的特点将画面分成两部分,将两个或数个信号组合在一起,这就是键控特技。

由于键控特技是用信号本身的特点分割画面,组成的特技画面显得更加自然,因此也更为常用。如果是用合成图像以外的图像亮度不同的边界来组合新画面,那就是外键(EXTKEY);如果用合成图像之一的图像亮度不同的边界来组合新画面,并放在混合特技台的输出级,则称下游键(DOWNSTREAM KEY);如果用合成图像之一的图像的颜色不同边界来组合新画面,则称色键(CHROMA KEY)。因为经常使用色键把演播室的人物加到已拍好的画面中去,所以常称色键为框像。

不管是什么样的模拟特技,输出画面都是固定的,看不见画框。数字视频特技用数字的方法创作特技画面,实际上是对输入图像进行数字变换。它使用 A/D 变换器将输入的模拟图像数字化并将数字视频数据存入存储器。数字视频特技主要有几大类变换方式,可以改变数字视频参数。如改变量化位数,进行量化处理,造成油画效果;或改变亮度或色度数据的幅度造成负像或部分色翻转效果;大部分则是利用改变进出存储器的地址,进行图像的空间位置和形状的变换,使图像能在荧光屏上随意移动和变形。另外,还可以利用与模拟视频特技类似的方法,用键控的方法将多个画面组合在一起,只不过花样更多、处理能力更强。可见,数字视频特技是通过计算机的控制,改变输入视频图像进行数字图像变换,组成新的图像的。

五、编辑操作

非线性编辑的编辑操作由非线性编辑软件决定。Adobe 公司的 Premiere 是通用非线性编辑软件,专业软件是由硬件制造厂商专门设计的,国内使用较多的有大洋非线性编辑系统。不同的软件在窗口和操作上虽有差异,但通常非线性编辑的编辑操作过程大致是:

1. 预览和搜索素材

将一素材拖入视频回绕窗(又称回放窗口)。当素材被拖至视频回绕窗口后,窗口中显示出该段素材的素材名和长度,同时窗口中的视频信号监视窗中会显示该段素材的首帧画面。可以拖动滑轨中的滑块或用鼠标单击窗口中的播放控制按钮对素材逐帧进行浏览。

2. 设置视频素材的入点和出点

当搜索到素材中所需的入点和出点后,用鼠标单击入点和出点按钮,设置入出点,一般非线性编辑软件还可通过用鼠标拖动滑轨的方法确定素材的起始位置来设定入出点;也可以在时码显示对话框中,直接由键盘键入入点和出点的时码。多帧素材的出点减入点,但对单帧素材,只需注意入点和长度就可以了。

3. 添加素材

添加素材是非线性编辑软件的一项主要功能,一般在素材编辑窗口中完成。在添加素材过程中,要确定欲添加素材的出入点、是否附加音频、加入到编辑窗口哪个时码线(又称故事板的轨道)和添加方式。软件系统一般提供有四种添加方式,这四种添加方式分别为插入、插空、覆盖及填充方式。

(1) 插入方式

将素材调整窗口中的素材按指定的入点位置加入到时码线的某一位置,且时码线后的所有素材都向后移动插入素材长度大小的距离。

(2) 插空方式

将素材调整窗口中的素材按指定的入点位置加入到时码线的位置。若时码线中已有素材,则它与插入方式一致;若时码线后的空隙大于等于加入的素材长度,则与覆盖方式一致,否则时码线后的所有素材都将移动空隙不够部分的长度。

(3) 覆盖方式

将素材调整窗口中的素材按指定的入点位置加入到时码线的位置,加入的素材覆盖在时码线后的一段区域中,所有素材都不移动。若有一轨道素材被完全覆盖,则此素材被删除。

(4) 填充方式

将素材调整窗口中的素材按指定的入点位置加入到时码线的位置,加入素材填充时码线后的未被另外轨道素材占用的轨道区域。

4. 精确剪接

用拖动滑块来设置入点和出点只能大致解决相邻素材的连接过渡问题,但有时需要对素材进行精确到帧的剪接。

5. 设置切换方式、添加各种特效和叠加中英文字幕

调用编辑软件提供的各种手段,完成素材间的切换效果设置、二维和三维动画及字幕的叠加,用户通过对这些过程的各种参数的反复调整,展现视频和音频效果。

六、创建并使用其他影像资料

一般非线性编辑系统不但提供视频编辑工具,很多还提供创建其他影像资料的工具。借助这些专业的工具,可以编辑静态图像,还可以建立一些二维和三维动画。由于计算机的交互性和通用性,使一些用传统手段无法或难以实现的创作成为现实,并可将其转换为视频媒体,常会收到意想不到的效果。

七、预视过程

大多数系统均可随时看到编辑的结果,"所见即所得",只不过这种结果是针对过程而非原始素材的。同最终结果相比,预视只是尺寸较小、质量较低、播放速度较慢的视频,可随时为编辑人员提供确定最终结果的工具。

八、生成影片

这个过程是在明确编辑过程并确定最终效果后进行的,其目的就是用来生成最终的视频。生成影片实际上是计算机计算的过程,是一项耗时的工作。像切换、拼接过渡等这些简

单编辑也许不需明显的计算,但大多数复杂效果,如特技画像、叠加等则需要在计算机上处理,这比较费时。其耗时程度取决于画面的复杂程度和影片的时间长度,其中画面的长度占有很大的比重。生成影片时计算机要做大量的计算,所以性能优异的高速计算机生成影片的效率也高。

九、回放与录制

影片生成后,可以放到视频显示设备上,如监视器或电视机等,或录制到录像带上。这视频已经是完整的视频图像了,可压缩成 MPEG 格式,形成 VCD 及 DVD 光盘。

思考题

1. 简述非线性编辑系统的主要功能。
2. 简述实时非线性编辑系统与非实时非线性编辑系统两者间的区别。
3. 简述非线性编辑系统的技术指标有哪些?
4. 试列举视频采集及音频录制的几种主要方式。
5. 简述数字视频编辑的要领。
6. 简述非线性编辑的操作过程。

第三章 电视画面编辑

第一节 电视画面编辑概述

一、电视编辑工作的概念

电视编辑工作的双重含义：既指代一个工种，又指一个创作环节。作为工种的电视编辑，是电视节目创作的主要参与者和领导者（在电视剧、电视文艺节目中称之为导演、编导），负责整个节目的构思、采访、后期剪辑、合成等一系列工作，在节目创作中具有举足轻重的地位；作为创作环节的电视编辑，侧重于电视节目的后期剪辑。剪辑是按照视听规律和影视语言的语法，对影视作品的原始素材进行选择和重新组合的过程。

"编辑"与"剪辑"两个词常被交替使用，但前者侧重思维意义和艺术表达，后者侧重操作层面的技术意义。电视编辑的任务在于完成叙事、表达内容，是技术与艺术的巧妙融合，渗透着美学追求。电视编辑绝不是简单的镜头的堆积，而是一项富有创造性的工作，是电视节目的二次创作。电视编辑工作应上升到观念层面，贯穿到电视节目创作的全过程中。不仅后期编辑需要编辑思维，前期策划、采访，尤其是拍摄过程中，都需要具有编辑意识。

二、电视编辑工作流程

电视编辑工作流程大体分为三个阶段：

1. 准备阶段
- 修改脚本
- 协调人员
- 准备设备
- 熟悉素材
- 撰写编辑提纲

2. 编辑实施阶段
- 整理素材

- 挑选镜头(粗编)
- 编辑(精编)
- 检查(声音、画面、意义表达、逻辑表述)

3. 合成阶段
- 解说
- 字幕
- 音乐音效

三、电视编辑的双重特性

1. 电视编辑的艺术特性

电视同电影一样,依靠视听元素的结合,直接作用于人的感觉器官。电视编辑的过程需要调动起创作者的主观能动性,对电视素材进行积极的搭配组合,运用光线、色彩、运动、节奏等多种表现手段,对原始素材进行二次创作。这是一个艺术创作的过程,需要遵循影视艺术共同的表现规律的制约。

电视与电影在画框大小、图像清晰度、题材和内容的表现力方面又存在着差异。这决定了电视更强调语言对话交流、重视内容表达的贴近性。电视有着与电影不同的艺术表现要求。

2. 电视编辑的大众传播特性

除了艺术特性,电视更是大众传播的媒介,这决定了电视编辑工作同时需要服从大众传播特性的制约。电视编辑工作要服务于观众的需要,有一定的针对性;电视编辑工作要在追求视听语言的流畅和艺术性基础上重视节目内容的真实性;电视编辑工作要重视电视媒体的特性,重视现场感、时效性等;电视编辑工作应重视传播效果,根据观众观赏电视的随意性、选择性等心理,调整镜头组接和节目编排。

四、树立现代电视编辑观念

伴随着人们对电视的大众传播媒介这一本体属性认识的不断深化,电视编辑观念也在不断发展变化。现代电视编辑观念有如下要求:
- 重视电视的纪实性;
- 重视电视的直观性、时效性和现场感;
- 重视多种电视手段和多种元素的综合运用;
- 重视电视图文的共时性传播;
- 重视特技构成的视觉表现。

第二节　蒙太奇

一、蒙太奇的概念和发展历史

蒙太奇(montage)来源于法语,原意是建筑学上的"安装"、"组合"、"构成"。借用到影视创作当中,形成了影视画面镜头的"组接"、"构成"之意。蒙太奇的解释有很多,基本上可以分为两层意义：

第一,蒙太奇是影视创作中的基本结构手段、叙述方式和镜头组合技巧的总称。它既指影片的总体结构安排(包括时空结构、段落布局、叙述方式等),也指镜头的分切组合、镜头的运用和声画组合等技巧。第二,作为一种影视创作思维方式,蒙太奇是指电影电视所具有的时空高度自由的形象化思维方式,是创作者从高层次把握创作风格和运用创作技巧的出发点,是影视艺术构成形式和方法的总和。

早期电影使用最原始的方法摄制,用摄影机对准拍摄对象,使用固定的全景一直拍摄,直到胶片用完。没有分镜头,没有视角变化,没有任何视觉表现。最初的进步始于"停机拍摄",人们开始尝试将不同的活动片断连接在一起讲述一个故事。影像语言也开始朝两个不同方向发展：一是忠实记录现实生活的纪录电影,二是虚构情节的故事片。

使蒙太奇迈出决定性一步的是美国导演大卫·格里菲斯拍摄的《一个国家的诞生》。格里菲斯开始有意识地探索分镜头的方法,多视点、多空间地展现拍摄对象,开始运用不同的景别,并创造性地运用各种手法,使影片在叙事、表现等方面都有了质的飞跃,使电影真正拥有了自己的语言和语法。这些探索活动使蒙太奇第一次具有美学意义。

使蒙太奇真正上升到美学理论体系的是以库里肖夫、普多夫金、爱森斯坦等为代表的苏联电影学派。库里肖夫、普多夫金等人通过实验得出结论：单个镜头不具备独立和明确的表意功能,只有镜头的组接才能产生意义。镜头组接的顺序不同,其产生的意义也不同。爱森斯坦将蒙太奇提升到更高的理论层面。他提出"理性蒙太奇"的概念,认为镜头之间的组合并不是一种简单的相加,而是可以创造出新的意义,可以造成视觉的隐喻和象征效果。他强调镜头之间的冲突性和隐喻性,强调镜头组接的思想意义,并将理论贯彻到实践中,运用自己的理论创作出著名影片《战舰波将金号》,片中运用大量隐喻、对比的镜头来表达思想和情绪。爱森斯坦的理论和实践极大地拓宽了蒙太奇的表现力。

在对蒙太奇的探索和实践中,电影被赋予了极大的创造性和表现力。随着人们对视听语言表现手法探索的不断深入,一些电影理论家们开始对蒙太奇进行反思,从理论上开始研究电影与真实、电影与观众的关系等基本问题。法国电影评论家安德烈·巴赞将长镜头的运用提升到理论和美学的层面,强调如实展现事物的真实性,反对将电影的时空割裂。

蒙太奇的内涵和形式是在探索中不断丰富和发展的。随着技术的进步和观念的更新,人们对蒙太奇的理解和解释也不断变化,但蒙太奇作为画面组接的基础技巧和影视创作的基础因素,仍被人们所公认。

二、蒙太奇产生的依据

(一) 蒙太奇的画面视觉基础

1. 影视画面具有直观性、直接性

单一的镜头画面适于展现具体的人和物,而不适于表达抽象的概念。

2. 画面的意义可以进行延伸

画面并非只有一种意义,经过人的思考,会引申出比直接的形象含义更为丰富的意义。蒙太奇会使画面的含义更加丰富。

3. 画面解释存在随机性

需要通过画面与画面之间的组合搭配以及解说词、声音的综合使用消除歧义。

4. 画面造型的审美性

电视画面除了叙事功能,还具有造型的表意功能。叙事与造型结合才能创造出立体的影像世界。

(二) 蒙太奇的心理基础与效果

1. 观众的视听感受

观众具有一定的视听经验和视听感受,并具有逻辑思考能力,能够主动去寻求上下镜头之间的逻辑联系。

2. 蒙太奇的效果

蒙太奇本身具有以下功能:
- 选择与概括
- 引导注意力
- 结构时空
- 创造节奏
- 创造悬念
- 创造情绪
- 创造思想

三、蒙太奇的表现形式

1. 平行蒙太奇

或称并列蒙太奇。故事情节发展过程中,通过两件或更多的事情,在同时间、不同地点进行展开,彼此互相呼应、互相联系,并彼此促进或刺激。

2. 对比蒙太奇

将意义相反的、对比强烈的两组镜头相互对照,从而产生强烈情绪的蒙太奇手法。

3. 反复蒙太奇

相同的内容、表现形式的镜头画面反复出现,起到强调、烘托气氛作用的蒙太奇手法。

4. 交叉蒙太奇

将同一时间、不同地点发生的两组内容交叉地组接起来,并在某一点上使两组情节交汇在一起,形成强烈的节奏感和紧张的气氛,造成惊险的戏剧效果。最有代表性的是"一分钟营救"手法。

5. 积累蒙太奇

从内容到性质一致的同一类型的画面,表现主体不同,但按照动作和造型特征组接起来,形成紧张的场景,造成气氛和节奏。

6. 象征蒙太奇

根据剧情的发展和需要,利用带有象征意义的镜头来说明创作者主题思想和人物内心活动。

7. 联想蒙太奇

将内容截然不同的镜头组接在一起,让人们主动在两组镜头之间形成意义的联想和想象,起到启发的作用。

此外,还有错觉蒙太奇、叫板蒙太奇、扩大与集中的蒙太奇等各种蒙太奇表现形式。

四、长镜头

(一)长镜头

是指在一个镜头内,不间断地表现一个事件的全过程甚至一个段落。通过连续的时空运动把真实的现实自然呈现在屏幕上,形成一种独特的纪实风格。从摄影角度来看,长镜头的变化主要是机位角度和镜头内部的景别、焦距等变化。从剪辑的角度来看,长镜头是用一个镜头担负起一组蒙太奇镜头分切所起到的作用,所以又叫镜头内部蒙太奇,或称为机内剪辑。

(二)长镜头的特点

1. 叙事结构特点

● 在镜头内部不间断地表现一段相对完整的事件,因此使其传达的信息具有相对的完整性;
● 具有相对的真实性;
● 能够表现事态进展的连续性。

2．时空结构特点

● 具有屏幕时间和实际时间的同时性；
● 具有时间进程的连续性；
● 展现空间的全貌，以及空间的复杂性。

第三节　电视编辑中的时空

一、电视叙事中的时间

（一）影视中的三种时间形式

1．播出时间

影视节目的播出时间。影视具备高度自由的时空，但需要受到播出时间和屏幕画框的限制。

2．叙述时间

指影视片中所表现事物的时间，是创设出来的艺术化的时间形态，也就是蒙太奇时间。

3．心理时间

前两种时间综合作用在观众心里所造成的时间感，是一种主观的时间形态。

（二）叙述时间的表现形式及技巧

叙述时间与现实时间的根本区别在于，叙述时间打破了现实时间的连续性，而创造出一种片断的、打乱的，但在观众的感受上是一种连续的时间。叙述时间的表现形式包括：

1．时间的延长

通过影视的剪辑，可以将现实的时间延伸扩展为更长的时间，给观众更多的时间进行观察，满足观众好奇心和营造某种情绪效果。通常可以使用重复、反复切换、慢动作等几种手法实现时间的延长。

2．时间的压缩

是影视处理的基本方式，也是蒙太奇的基本功能，可以省略无关紧要、多余的内容，精炼地实现叙事，并形成特殊的表达效果和艺术效果。通常可以使用片断省略、插入镜头、快动作、隐喻和暗示、运用特技效果等手法。时间的压缩虽然是一种主观的选择和创造，但却符合观众的心理和视觉感知经验，是一种必不可少的影视语言剪辑方式。

3. 时间的静止

在影视叙事中,根据表达需要或叙事结构中人物待定的心态,利用特技让时间暂时停滞的一种时间表现方式。它是一种很主观化的时间形态,可以通过定格(静帧)、音乐、音响或其他方式来实现。静止的感染力来源于运动与静止的对比,通过对比形成强烈的反差和戏剧效果。

4. 时间的交错

一种打破正常的时间顺序,对时间进行重构的方式。蒙太奇可以对时间进行任意的选择,选择追溯过去或者是展望未来。通过解说词、资料、闪回、特技效果等,表现过去或者未来。

二、电视叙述中的空间

影视叙事中的空间并不是一种真实的空间,而是经过镜头的转换和取舍在屏幕上展现出来的受到限制的空间。屏幕的画框局限了观众的观察,使空间被分割成不同的局部、不同的视角,但正因为这种限制,也使得空间的表现具有变化和创造的可能性。更重要的是,通过蒙太奇的剪辑,空间可以自由组合,从而产生新的画面意义和思想意义。

空间的表现形式

屏幕空间指屏幕画框内表现出来的影像空间,是电影、电视造型赖以存在的基础。就其艺术性而言,屏幕空间是具有丰富表现力的,受到透视、光影、运动、剪辑等因素影响的视觉空间,并非现实空间本身,它是一种蒙太奇的空间,包括再现的空间和构成的空间两种形式。

1. 再现的空间

指通过摄像机的记录特性和运动特性再现物质的直观行为空间,由于摄像机可以将形象的形态造型、环境背景、运动方式等逼真地记录下来,从而产生较为真实的空间感。

从传播的角度看,再现的空间是通过电视叙事反映的真实空间,但事实上,客观地再现并不代表着完全真实地再现了空间。影视画面的二维特性决定了无法完全真实还原三维立体的客观空间世界。影视创作者所要实现的目的是:利用镜头特性、拍摄手段和编辑手段,更加逼真、完整地再现现实空间中的层次和信息。

(1) 景深镜头

同时表现不同空间位置的动作,立体化再现空间,增加信息量,产生戏剧性效果。

(2) 移动镜头

通过镜头运动,多层次、多角度、连续地反映空间。

(3) 长镜头

更加真实地再现复杂空间和人物动作,强调人和环境的关系。

(4) 蒙太奇的表现

再现现实空间丰富性和真实性已经不完全是前期摄像的任务,后期编辑需要从叙事需要出发，考虑镜头组接对空间环境信息完整性的影响。

2. 构成的空间

指将一系列记录真实空间的片断经过选择、取舍、重新组合，构成新的统一的空间形态。它并不是真实空间在屏幕上的直接反映，而是通过剪辑创造出来的综合空间，是电视叙事中最基础、最具活力的表现方式。

电视利用自己的画框把空间进行分割、压缩，又利用人的视觉错觉和心理机制使空间扩展、延伸，在一种独特的运动形态中提供空间表现的自由。从叙事表意的艺术功能来看，构成的空间创作有如下作用：

- 通过局部空间组合，表现事物的全貌；
- 利用跳跃性的空间，连续突出高潮点，简化叙事过程；
- 引导观众注意力，激发观众的想象力；
- 利用空间队列，创造情绪性或戏剧性效果，丰富画面空间；
- 表达寓意，创造意境；
- 形成多种节奏。

第四节　电视画面的特性

一、镜头画面的分类

根据不同的标准，镜头画面可以有景别、角度、运动等镜头分类方法。

（一）景别

景别是画面中表现出来的视阈范围。不同的视阈镜头形成不同的景别。景别的划分可以根据主体在画框内的大小划分，也可以根据成年人的身体来划分。通常情况下采用第二种方法。

1. 远景

涵盖广阔的空间画面，以表现环境气势为主，画面中没有明确主体，人物所占的比例很小。远景常用来展现事件发生的环境和规模，也可以表现自然景象的空灵开阔，是一种情绪性景别。由于画面包含内容信息较多，看清画面所需时间相对较长，因此编辑时应留有足够时间，运动速度应慢。同时电视由于画框限制，远景画面的表现力不如电影。

2. 全景

表现成年人全身或场景全貌的景别，主要用来介绍环境和事物发展的整体面貌，确定人物、事件发生的空间范围,是一种基本的介绍性景别。全景重点展示人物和环境的关系,是前期拍摄必须要保证的景别。

3. 中景

中景是成年人膝盖以上或场景的局部的景别,主要介绍主体、人物的状态或人物之间的关系,是最常用的叙事性景别,既包括了局部空间,又较好地展现了人物动作和表情。中景是最适于电视观众观看的景别,最有利于展现人物动作或人物之间的交流。

4. 近景

表现成年人胸部以上或主体的局部的景别,用来展示人物的面部表情和细微动作,比中景更能够贴近地观察画面内容,突出交流感,是最能够体现亲切交流的景别。

5. 特写

成年人肩部以上的头像或主体细部的画面景别,具有强烈的强调性和暗示性,常用来强调某一细部特征,表达特定的含义或情绪,制造悬念,是一种强烈的主观性镜头。不仅经常被用于制造戏剧效果上,也常被用来作为间隔镜头弱化剪辑上的一些失误,可以强调和揭示事物性质、制造悬念、代替动作、转移观众视线和注意力等。

(二) 角度

拍摄角度,是摄像机光轴与被摄主体之间形成的角度。

1. 摄像高度

摄影机镜头与被摄主体在垂直平面上的相对位置或者高度。

(1) 平角度

镜头与被摄对象在同一水平线上。视觉效果与日常生活人们的视点相近,被摄对象不易变形,使人感到平等、公正、客观、亲切、冷静。肩扛摄像机的角度正好是平角度,是一种典型的新闻摄像高度。

(2) 俯角度

摄像机镜头高于被摄主体水平线的,由上到下、由高到低的角度。俯角度有利于如实交代环境位置、表现场景的全貌、气势,不利于表现人与人之间的交流。在拍摄人物时,通常会给观众以贬低、蔑视被摄主体的意味。

(3) 仰角度

摄像机镜头低于被摄主体水平线的,由下到上、由低到高的角度。仰角度有利于强调高度和气势。被摄主体通常会显得高大威严,有权威性,带有颂扬的性质,但容易造成画面主体的畸变。

此外,还有悬空、鸟瞰等特殊俯角度。

2. 摄像方向

摄像机镜头与被摄主体在水平平面上的相对位置所形成的角度,一般包括正面、前侧面、正侧面、后侧面、背面。正面角度,容易突出主体,但画面人物容易呆板,不够灵活;侧面角度,镜头比较生动,有利于展现人物之间的交流;背面角度,拍摄一般带有一定悬念,或是跟踪带领的拍摄。

除了摄像高度和摄像方向,按照人们日常生活的感受不同,又可分为客观视角和主观视角。客观视角是指人们观察日常生活所用的角度,在电视节目、新闻中运用得最为普遍,贴近生活;主观视角是指模拟人的视线的拍摄角度,是一种拟人化的视点,更容易调动观众的参与和兴趣。

(三)镜头运动

镜头运动分为画面内部运动和画面外部运动。画面内部运动主要指被摄主体的运动;画面外部运动指摄像机运动,即在拍摄一个镜头过程中,通过移动摄像机机位,或变动镜头光轴、镜头焦距而产生的镜头运动变化。

1. 推镜头

被摄主体位置不动,摄像机机位或镜头焦距逐渐推近被摄主体,焦点亦随之改变的镜头运动。推镜头可以有效突出主体和重点形象,突出细节,起到强调作用,引导观众的视线进行观察,是一种主观性较强的镜头。

2. 拉镜头

摄像机位置远离被摄主体或通过焦距变化将镜头从被摄主体拉开的运动,表现人物即将开始的行动以及人物之间、人物与环境之间的关系。拉镜头主要表现主体与环境的关系,有利于调动观众的兴趣和想象,制造悬念和增加戏剧性效果,有利于产生余韵,形成情感氛围,经常作为结论性的结尾,是转场的契机。

3. 摇镜头

机身不动,镜头光轴线作水平或垂直方向的运动。摇镜头是一种主观性较强的镜头,接近人们日常生活中转头观察环境,介绍环境、跟踪人物以及表现各被摄主体之间的关系,有利于展示空间,扩大视野,在小景别中增加信息量,同时有利于表现主体运动。

4. 移镜头

随着摄像机机位的横向水平移动而变化的镜头运动。(注意与摇镜头相区分)移镜头符合人们日常生活中边走边看的感受,有利于展现大场面、大纵深、多层次的复杂场景。

5. 甩镜头

一种快速的摇镜头。甩镜头有利于造成强烈的动势和紧张感,在转场的时候经常使用。

6. 跟镜头

摄像机始终跟随被摄主体进行运动的拍摄,在行动中表现被摄对象的运动、动作、表情。跟镜头在突出主体的同时,交代主体与环境的关系。从被摄主体背面跟拍,在纪实性拍摄中具有重要作用。

7. 升降镜头

摄像机从平摄慢慢升起形成高角度的俯拍,或者从高角度下降的运动。升降镜头带来画面视阈的扩展或收缩,展现多层次多角度的空间,常用来表现场景的宏大气魄,有助于增添戏剧效果和气氛渲染、环境介绍。

二、镜头画面的方向性

镜头画面的方向,除了镜头机位和镜头本身的运动方向,还包括镜头内部人物、被摄主体运动的方向。在实际拍摄和编辑过程中,需要将不同地方、不同方位、不同角度、不同运动的镜头按照规律加以编排,形成统一的方向。否则就会因方向的错乱而造成叙事不清、观众理解混乱等问题。

(一)画面内部运动方向

包括人物和其他画面内的各种事物的方向。在拍摄时需将画面内各种物体的运动方向协调起来,需要考虑以下各方面内容:
- 主体运动方向
- 背景的方向
- 光的方向
- 风的方向
- 声音的方向
- 色彩的方向

(二)视线的方向

指人与人进行交流或者观察事物时,眼睛与眼睛或者眼睛与事物之间形成的一条假想的"直线",构成了人的视线,即观看的方向性。

视线使人与人、人与物的画面联系起来,常作为视线观察的结果来表现一种对应关系。视线的落点除了作为剪接点的依据,还是表现人物活动和人物之间感情关系的重要因素。在画面编辑时,要注意画面中人物的视线方向要合乎一定的逻辑关系。

1. 有对象时的视线方向

需要保证务必使画面人物的视线统一,否则容易造成观众方向感的混乱。

2. 没有对象时的视线方向

要注意防止视线过分跳跃,考虑上下镜头之间动作不要存在过大的差距。

(三)轴线

是影视片中表现人物(或物体)的行动方向、人物的视线方向和人物之间交流而产生的一条无形的线。轴线直接影响着镜头调度。保持轴线的统一才会使画面的空间感保持统一。

1. 轴线关系

(1)动作轴线

指人或其他主体运动时,运动方向与目标之间形成的轴线。

(2) 方向轴线

人物在静止观察周围某物体时,人物视线与物体之间构成的轴线。

(3) 关系轴线

人物之间进行对话交流时,在两人(或三人)之间形成的轴线。

2. 轴线原则

一般情况下,摄像机在选择拍摄角度时,不能随意越过画面中的轴线,而只能在轴线一侧的 180 度之内进行拍摄。否则,就会出现人物动作、方向和关系的偏离,称之为"离轴"。

3. 越轴

当空间关系明确后,有意识地将镜头离开原来的总角度,跳跃到轴线的另一侧进行拍摄时,就形成"越轴"或"反打"。方法有:

● 保持画面动作和摄像机运动的连续性,在一个镜头的拍摄过程中将摄像机移动越过轴线;
● 在两个形成越轴的镜头之间,插入一个表现人物或景物的特写镜头;
● 在两个越轴镜头中间间隔一个中性镜头;
● 通过大动作中的剪辑点越轴;
● 当不同主体产生两条以上的轴线时,运动主体离开原来的轴线转弯而成新的轴线,镜头可以越过原来的轴线而形成新的角度;
● 反复越轴造成视觉节奏。

第五节　电视画面编辑的规则和技巧

一、画面组接的剪接点

剪接点就是两个镜头之间的转换点。剪接点选择是否恰当,关系到镜头转换与连接是否流畅,是否符合观众的视觉感受,是否满足节目的叙事需要,是否能体现艺术的节奏。准确掌握镜头的剪接点是保证镜头转换流畅的首要因素,选择恰当的剪接点是电视剪辑最重要的基础工作。总体而言,剪接点可以分为两大类:画面的剪接点和声音的剪接点。

(一) 画面的剪接点

1. 叙事剪接点

以观众看清画面内容(或情节发展)所需要的时间长度为依据的剪接,这是电视节目中最基础的剪接依据。画面剪接不仅是创作者艺术表现的需要,同时必须考虑观众观赏的需要。每一次镜头转换都意味着观众注意力的转移,因此叙事剪接点是从一个视觉形象转移到另一个视觉形象的转换点,需要保证让观众看清画面的内容,理解画面的含义。

镜头长度的取舍受到很多因素的影响,但一般情况下,保证镜头的"低限长度",即观众看清内容的最低限度的时间长度即可。通常在没有连续动作衔接或者情绪、戏剧效果要求的前提下,可以通过主题的统一将不同镜头衔接起来,让观众看清画面内容,满足叙事需要即可。以镜头"低限长度"衔接表现主题,这是电视编辑最基本、最常见的方式。

2. 动作剪接点

以画面的运动过程(包括人物动作、摄像机运动、景物活动等)为依据确定的剪接点。这种剪接结合实际生活规律,目的是使内容和主体动作的衔接转换自然流畅,是构成电视片外部结构连贯的重要因素。动作剪接也是为了使叙事更清晰明白,但更着眼于动作的连贯性,着眼于人们视觉、心理的感受。

除了镜头内部主体的运动之外,摄像机的运动方式也是重要的参考依据。摄像机运动的方向、速度、方式、起幅和落幅对镜头衔接的视觉连贯性同样具有重要影响。寻找最佳的剪接点,会使动作剪辑产生行云流水般流畅的视觉感受。

3. 情绪剪接点

以心理活动和内在的情绪作为依据确定的剪接点。情绪剪接点结合镜头的造型特点来连接镜头,目的是激发情绪表现。情绪剪接点要以人的心理活动为基础,以人物在不同环境下的喜、怒、哀、乐为依据,结合镜头的特征选择剪接点。

情绪剪接是主观色彩比较明显的剪接。在以情绪为依据进行剪接时,画面视觉的流畅性被放在次要的位置,表达思想和抒发情感才是最主要的。它可以很好地表现创作者情绪的起伏和叙事的跌宕。

4. 节奏剪接点

影视作品在叙事和表现的过程中,其动作、情绪、剧情等都会产生一定的节奏,以这些节奏为依据,用比较的方式来处理镜头的长度和衔接位置,结合画面的造型元素来确定的剪接点。

节奏剪接点的选择一定要在节奏上体现出来,同时节奏又必须与内容相匹配。节奏剪接点要通过镜头的长短搭配,形成一定的节奏,而节奏的依据则应根据影视作品的内容、情绪和剧情来确定。

(二)声音的剪接点

1. 对白的剪接点

对白的剪接主要以语言为基础,以对话内容为主要依据,结合剧情和人物性格、语言速度、情绪、节奏来选择剪接点。

2. 音乐的剪接点

主要以片中出现的乐曲的主题旋律、节奏、节拍等为基础,以剧情内容,主体的动作、情绪、节奏为依据,结合镜头造型的规律,处理音乐长度,准确选择剪接点。

3. 音响的剪接点

包括歌舞、戏剧及各种特殊效果音响。需要根据剧情的特定情境，以人物的动作和情绪为依据，衬托人物情绪、渲染人物内心活动、烘托人物性格。在剪接时要注意音响"强"与"弱"的搭配。音响的剪接不像对白和音乐那样受画面的严格限制，它既从属于画面，又有着很高的自由度，主要根据剧情、氛围的需要来确定。

4. 解说词的剪接点

以解说词的内容为依据，根据画面内容和解说词内容的比较来确定剪接点。解说词与画面的配合主要考虑内容的对位或交错，与画面内容搭配进行剪接。总的来看，尽管可以将剪接点的选择分为各种类型，但在实际操作中，各种剪接点之间是相互影响、相互制约的。画面、声音、剧情、情绪、节奏等都对剪接点的选择产生影响。创作人员必须全面综合地考虑各种因素，以实现剪接点选择的最佳方案。这需要通过大量的实践积累经验，从而培养编辑人员的画面感觉。

二、画面组接的逻辑性

（一）画面的逻辑性

各种影视作品在镜头组接时都要考虑镜头衔接、场景转换、段落构成的逻辑性。它包含三个主要方面：
- 故事情节进展的逻辑；
- 人物事件关系的逻辑；
- 时空转换的逻辑。

镜头画面的剪辑需要符合人们日常生活的逻辑，同时还需要符合人们观赏影视作品时的视觉逻辑，也就是人们在观看影视片时的心理活动规律、思维逻辑。在剪辑中正确处理三种逻辑关系，才能够使视听语言的表达准确流畅。画面组接的逻辑性，亦称镜头组接的连续性和联系性。一般来说，连续性是指外部画面造型因素和主体动作的连续；联系性则指戏剧动作内容上的有机联系。

（二）连续性和联系性

1. 画面组接的连续性

是指外部画面造型因素和主体动作的连接，也就是说在两个或多个相互衔接的镜头中，外部画面造型能够较为明显地呈现出事物的动作连续。剪辑和组接镜头时，侧重于外部造型因素，表现动作的连续。

2. 画面组接的联系性

是指戏剧动作内容上的有机联系。如果说连续性侧重于外部画面造型因素和明显的主体运动，联系性则侧重于戏剧的内部动作，即戏剧动作的内在逻辑和主体内在的心理、情感。

影视作品中很多镜头不是以动作、时间、地点为依据组接在一起构成的一个段落。这些时候的组接依据往往不是直观可见的,而是存在于人们的观念和心理之中,存在于画面组接的内在逻辑和戏剧内容之中。

3. 连续性与联系性的关系

尽管二者的侧重点各有不同,但它们是相辅相成、密不可分的。一般情况下,画面的造型因素和主体运动总是在或隐或现地表现着戏剧内容,而戏剧内容的展示又依赖于画面的造型因素。所以在具体操作中,这两个方面总是随着影视片内容的变化而时有侧重。

经过剪辑后,每个镜头的主体动作与情节的发展是否连贯、完整,主要取决于镜头组接的连续性与联系性是否处理得当。

三、匹配原则

电视画面的造型要素,如景别、运动、影调、色彩等,直接影响着视觉的信息接收。这些要素有机、和谐地变化是形成视觉连续感觉的基础,其冲突对比和大幅度的变化,形成的则是视觉的变化感受。因此,在创作过程中,要根据不同的目的去控制各种造型要素之间的变化。从这个意义上来说,电视画面的编辑过程,就是创作者对各种画面造型要素进行合理搭配、控制,以适应观众业已形成的收视心理的过程。这就需要遵循"匹配"的原则。

所谓"匹配",是指上下镜头在进行组接时所应该具有的流畅的、一致的或是对应的关系,从而保持视觉的连贯,符合人们的日常视觉心理体验。这种"匹配"是通过人物的位置、视线、运动方向、动作、色彩、影调、景别等各种要素及剪接点的选择来体现的。

(一)景别的匹配

不同的景别代表着不同的画面结构方式,其大小、远近、长短的搭配变化,造成了不同的表意和视觉效果。

1. 景别的视觉效果

在相同的时间长度中,景别越小,时间感越长。也就是说,小景别的剪辑时间应该小于大景别。原因是大景别包含的内容信息更多,需要留给观众更多的时间看清楚画面内容,而小景别如时间过长,会给观众以冗长、缓慢的感受,但在追求特定的艺术效果时,可以反其道而行之。从这个角度来说,景别的大小决定着时间的长度。

同一主体在相同的运动状态和速度下,景别越小,动感越强烈。在表现快节奏和强烈动感的电视片、广告片时,选用小景别表现动作是一个剪辑的基本法则。同理,在用特写等景别表现细致动作时,经常要放慢动作的速度,以使观众看得更清楚。

2. 景别的组接效果

同一主体(或相似主体)在角度不变(或变化不大)的情况下,前后镜头的景别变化不宜过大或过小,否则都会带来视觉上的强烈跳动。一般的解决办法是插入其他镜头作为过渡,或者变化角度。

运用不同景别的镜头组合,可以实现有层次描述事件的目的。景别由大到小、由远及近的安排,符合一般人们观察生活的心理感受和逻辑,是一种常见的平铺直叙的方式。有时为了制造悬念,可以反向安排景别。

利用镜头连接中景别的积累或者对比效应,营造情绪的氛围。一定形式的有规律变化的景别,可以产生积累或者对比的特殊视觉感受,进而影响观众的情绪。同类景别的组合在相似的积累过程中,同样的元素被强调,制造一种积累效应;两极镜头的对比和连接(大远景和近景、特写的组接)容易加剧视觉的震惊感,切换速度慢时还可营造凝重肃穆的氛围。

3. 景别剪辑时需要注意的问题

● 选择镜头时,在保证镜头内容意义的前提下,考虑到景别的作用,注意建立景别成组运用的意识;
● 注意运动镜头内多景别的变化;
● 根据不同情况处理景别关系,尽量用更丰富的景别表现同一主题和内容;
● 景别的选择必须服从于内容的表现以及意义的表达。

(二)运动的匹配

屏幕运动的方式

影视语言最重要的内容之一就是表现运动。表现运动和运动的表现,是影视语言区别于摄影、绘画等艺术的最根本标志。构成屏幕运动的方式有三类:

(1)画面内部主体的运动

画面内部主体的人或物体的运动状态、位置直接影响着剪接点的确定。

(2)画面外部镜头的运动

摄像机机位、镜头的运动变化所引起的运动,对观众的视觉感受起到重要的影响。

(3)剪辑率

单位时间内镜头变化的多少、标志着镜头转换的速度,更影响着影视片的节奏。

主体运动、镜头运动和剪辑率三者的有机结合,共同构成影视运动的剪辑。要求创作者必须从整体上把握各种因素,使剪辑既保持外部运动的流畅,又符合内部的运动逻辑。

思考题

1. 简述电视编辑工作的含义。
2. 简述电视编辑工作流程。
3. 列举蒙太奇的各种表现形式并作诠释。
4. 试分析长镜头的特点。
5. 简述电视编辑中叙述时间的表现形式及技巧。
6. 简述各种轴线及越轴的处理办法。
7. 简述画面组接的逻辑性、连续性和联系性。
8. 简述景别剪辑时需要注意的问题。

理论篇

第四章　Premiere 基础入门

第一节　Premiere Pro CS4 简介

一、Premiere Pro CS4 软件简介

Premiere 是由 Adobe 公司开发的一款非线性视频编辑软件,具有操作简单、功能强大等优点,被广泛应用于电视栏目包装、广告制作、影片后期剪辑等领域,是目前影视编辑领域内应用最广泛的视频编辑与处理软件。随着影视技术和计算机技术的发展,Adobe 不断推出新的 Premiere 版本,从 Premiere6.5、Premiere1.5、Pro2.0 到最新的 Premiere Pro CS4,每一次的升级都伴随着功能增强和新功能的出现,极大地提高了 Premiere 用户的创作能力和工作效率。

作为一款功能强大的视频编辑软件,Premiere 不仅可以对素材文件进行剪切和组接等基本的视频编辑操作,还可为其添加转场和运动等特效从而让用户制作出精彩的影视节目。在最新版本的 Premiere Pro CS4 中,其主要功能如下。

1. 捕获素材

Premiere 提供了从便携式数字摄影机或磁带录像机上捕获视频素材的功能,此外还可通过麦克风或录音设备直接在 Premiere 内捕获音频素材。

2. 剪辑与编辑素材

在 Premiere 中可以使用多种工具对素材进行编辑,不仅可以将视频素材中多余的部分删除,还可以通过设置素材的播放速度来达到提高或降低镜头播放速度的效果。

3. 为素材添加特效

Premiere 预置有多种音、视频特效等。利用这些预置特效可以使素材轻松实现曝光、扭曲画面、立体相册等特效。

4. 为相邻素材添加视频转场

在 Premiere 中通过使用视频转场六个不同的场景的镜头自然过渡可以实现:白、黑场、淡

入淡出、划像、卷页等转场切换效果。

5．创建与编辑字幕

Premiere 提供了多种创建与编辑工具,利用这些工具可以创建出静态字幕、字幕效果,使影片内容更加丰富。例如电视节目中常见的滚动字幕。

6．影视输出

当影片编辑完成后,Premiere 可以将编辑后的多个素材输出为多种格式的媒体文件,如 AVI、MOV 等多种数字视频格式。此外,还可以将影片输出为 GIF、TIFF、FLI/FLC 和 TGA 等格式的静态图片序列后,借助其他软件做进一步处理。

二、Premiere Pro CS4 的系统要求

● DV 需要 2 GHz 或更快的处理器;HDV 需要 3.4 GHz 处理器;HD 需要双核 2.8 GHz 处理器。

● Microsoft Windows XP(带有 Service Pack 2,推荐 Service Pack 3)或 Windows Vista Home Premium、Business、Ultimate 或 Enterprise(带有 Service Pack 1,通过 32 位 Windows XP 以及 32 位和 64 位 Windows Vista 认证)。

● 2 GB 内存。

● 10 GB 可用硬盘空间用于安装;安装过程中需要额外的可用空间(无法安装在基于闪存的设备上)。

● 1 280×900 屏幕,OpenGL 2.0 兼容图形卡。

● DV 和 HDV 编辑需要专用的 7 200 转硬盘驱动器;HD 需要条带磁盘阵列存储(RAID);首选 SCSI 磁盘子系统。

● SD/HD 工作流程需要经 Adobe 认证的卡以捕获并导出到磁带。

● 需要 OHCI 兼容型 IEEE 1394 端口进行 DV 和 HDV 捕获、导出到磁带并传输到 DV 设备。

● DVD-ROM 驱动器(创建 DVD 需要 DVD±R 刻录机)。

● 创建蓝光盘需要蓝光刻录机。

● Microsoft Windows Driver Model 兼容或 ASIO 兼容声卡。

● 使用 QuickTime 功能需要 QuickTime7.4 软件。

● 在线服务需要宽带 Internet 连接。

三、Premiere Pro CS4 的新功能

Premiere 非线性编辑系统自推出以来就以其简便的编辑功能受到人们的广泛喜爱,而 Premiere Pro CS4 非线性编辑系统是 Adobe 公司在 2009 年推出的最新版本,其功能更为完善,形式更为合理,使用更为便捷。具体新功能如下:

1. 广泛的格式支持
● 完整的视频格式兼容【增强】。几乎可以处理任何格式，包括对 DV、HDV、Sony XDCAM、XDCAM EX、Panasonic P2 和 AVCHD 的原生支持。
● 支持时间线上的混合格式编辑。
● 无带流程的原生编辑【新】。支持大部分流行的无带摄录机，无需转码或二次打包。
● 支持所有大的媒体类型。支持导入和导出 FLV、F4V、MPEG-2、QuickTime、Windows Media、AVI、BWF、AIFF、JPEG、PNG、PSD、TIFF 等等。
● 兼容 ASIO。

2. 内嵌终极制作流程
● AAF 项目交换。
● 4K 电影制作，可导入、编辑和导出 4 096×4 096 像素的图像序列。
● Feet ＋ Frames 时码。

3. 可在任何地方发布
● 后台批量编码【新】。新的批量编码器可以自动处理同一内容的不同编码的版本。使用任意序列和剪辑的组合作为来源，可以编码为大量视频格式，并且可在后台编码时继续工作，从而大大提高工作效率。
● 带有名称/数值对的 FLV/F4V 队列点【新】。
● 统一化的标记对话框【新】。
● 对移动设备输出所做的优化设置【新】。
● DVD 编著【新】。
● 业界领先的 Blu-Ray Disc 编著【新】。
● 把一个项目文件发布为多个格式。
● 支持交互查看的视频发布。
● 交互编著到多种格式。
● 移动设备输出【增强】。
● 网络视频发布。
● 对应电影输出的序列编辑。

4. 高效的工具
● 豪华的新软件界面【新】。
● 可定制的用户界面。
● 多个项目面板。
● 快速搜索素材。
● 项目管理器。
● 用 Adobe Bridge CS4 进行文件管理。

- 可定制的键盘快捷键。
- 滚动时间线。
- 可分配的面板快捷键。
- 多嵌套时间线。
- 实时编辑。
- 增强的子剪辑创建和编辑。
- 波纹、滚动和滑动编辑。
- 剪辑替换。

5. 强大的项目、序列和剪辑管理

- Rapid Find 搜索【增强】。类似 Vista 的搜索,可在输入关键字时实时更新搜索结果。
- 媒体路径保存在项目中【新】。
- 素材重置【新】。当项目中的素材用更新的版本可用时,可通过重置素材来更新。
- 单个序列的导入【新】。
- 对每个项目单独保存工作区【新】。每个项目的工作区设置可以分别保存。
- 项目管理器中的单个序列剪切【新】。
- 每个序列的设置【新】。更加自由地在项目中对每个序列应用不同的编辑和渲染设置。
- 工作区里的项目面板栏信息【新】。
- 删除单个预览文件【新】。保留需要的、同时删除不需要的预览文件,提高磁盘空间利用率。
- 使用项目管理器存档修剪剪辑【新】。

6. 精确的音频控制

- 源监视器中的垂直波形缩放【新】。
- 在源监视器中直接拖动播放波形【新】。
- 对应离线剪辑的灵活的音频通道映射控制【新】。
- 以仅音频或仅视频的方式重新采集 A/V 离线剪辑【新】。

7. 专业编辑控制

- 轨道同步锁定控制【新】。
- 源内容控制【新】。显示剪辑的源内容,并把通道路由到时间线中的指定目的轨;根据需要切换音视频通道的开启和关闭。
- 多轨目标【新】。
- 拖放轨目标【新】。

8. 省时的编辑增强

- 快速的剪辑粘贴【新】。快速粘贴多个剪辑到时间线。播放头跳到粘贴后的剪辑的结尾,随后粘贴的剪辑可以放置在它后面。

- 从时间线创建子剪辑【新】。只要从时间线往项目面板拖放即可创建新的子剪辑。
- 效果控制目标的关键帧吸附【新】。
- 时间线的垂直吸附【新】。
- 复制和粘贴转场【新】。对项目里的多个素材通过复制和粘贴来应用同样的转场。
- 前次缩放级别快捷键【新】。使用快速缩放功能在细节和全局方式间切换查看时间线。只需按一个键，即可以查看全局，再按一下又可回到之前的缩放级别。
- 移除所有效果【新】。只需一个命令即可对选定的剪辑清除所有效果。

9. 多个选择的更多选项
- 预设中的多个效果【新】。可把常用的效果组合保存为一个预设以便此后重复使用。
- 多个剪辑的效果【新】。只需一个操作即可把效果应用到多个剪辑。
- 对应多个剪辑的速度/长度调整【新】。
- 对应多个剪辑的默认转场应用【新】。
- 对应多个剪辑的音频增益设置【新】。

10. 丰富的时码显示
- 即时时码信息框【新】。在时间线里拖动素材时会即时显示素材所处的时码。
- 对应每个序列的时码显示设置【新】。
- 显示所有可用的时码格式【新】。
- 在信息面板显示磁带名称【新】。

11. 键盘加速流程
- 键盘加速源监视器浏览【新】。使用键盘快捷键在源监视器中浏览加载的剪辑。
- 效果控制面板中的 Home/End 快捷键【新】。可在效果控制面板中快速移动到剪辑的开始或结尾。
- 快速跳到剪辑的开始或结尾的快捷键【新】。
- 标记剪辑的快捷键【新】。通过可分配的键盘快捷键快速标记剪辑。
- 对应键盘用户的完整的界面导航【新】。

12. 高效的无带化流程
- 对应高效的无带化流程的媒体浏览面板【新】。新的媒体浏览面板可以显示所有系统中加载的卷的内容。在无带化摄录机中寻找剪辑非常简单，因为媒体浏览器为你显示了剪辑，而屏蔽其他文件，并且拥有可定制的用于查看相应元数据的视窗。可以从媒体浏览器直接在源监视器中打开剪辑。
- 对应 Panasonic P2 的浏览导入和元数据支持【新】。
- Panasonic P2 输出。
- Sony XDCAM 和 XDCAM EX 导入和浏览以及元数据支持【新】。直接从 Sony XDCAM EX 摄录机中导入和编辑内容，无需二次打包和转码。通过媒体浏览器浏览剪辑，并使用摄录机元数据管理剪辑。
- 无带化 HDV 的导入和浏览以及元数据支持【新】。
- AVCHD 的编辑浏览和元数据支持【新】。

13．高效的元数据流程

- 在项目面板查看元数据【新】。
- 元数据面板【新】。通过元数据面板查看和编辑选定素材的元数据。
- 通过语音识别来添加元数据信息【新】。通过内建的语音识别系统自动添加描述信息。
- 在素材中进行语音搜索【新】。
- 对应寻找素材的语音搜索【新】。
- 项目面板中基于键盘的登录操作【新】。

14．与 Adobe 软件的空前协调性

- 灵活的 Adobe Photoshop 层选项【新】。
- 支持带有视频的 Photoshop 文件【新】。无需渲染所导入的包含视频的 Photoshop 文件，可以直接将其作为视频剪辑使用。
- 支持 Photoshop 的混合模式【新】。
- 连接 Adobe Premiere Pro CS4 和 Encore CS4 的 Dynamic Link【新】。
- 组剪辑传输到 Adobe After Effects CS4【新】。只需一个命令即可将一组剪辑传输到 Adobe After Effects CS4 中进行处理。Adobe Premiere Pro CS4 在 Adobe After Effects CS4 的合成层中重新创建该剪辑的结构，然后通过 Dynamic Link 把合成层导入到时间线。在 Dynamic Link 中，在 After Effects 中所做的更改会自动显示在 Adobe Premiere Pro 中，无需渲染。
- 与 Adobe After Effects CS4 的协同【增强】。可以在 Adobe Premiere Pro CS4 和 After Effects CS4 之间拖放和复制、粘贴剪辑和时间线。还可以在 After Effects 中打开完整的 Adobe Premiere Pro 项目，包括嵌套的序列。
- 与 Adobe Photoshop CS4 Extended 的协同【增强】。
- 通过 Adobe OnLocation CS4 直接录制到磁盘【增强】。
- 增强的 After Effects CS4 插件的兼容性。
- 与 Adobe Illustrator CS4 的协同。
- 与 Adobe Soundbooth CS4 的协同【增强】。
- Adobe Creative Suite 组合键的文字复制和粘贴【新】。所复制的文本可以保持格式，如字体、间距和风格等。

第二节 Premiere 菜单介绍

在 Premiere Pro 中,菜单栏为编辑工作提供一般的操作和属性设置。它由文件、编辑、项目、素材、序列、标记、字幕、窗口和帮助菜单组成。打开它们的子菜单,会发现有些命令后面附有组合快捷键提示,使用快捷键操作可以提高工作效率。下面对工作菜单中的子菜单及其功能加以介绍。

1. 文件(File)菜单

文件菜单中的命令主要用于实现新建、保存、导入和导出各类文件,其菜单中各选项的具体含义如下。

● 新建(New)。该项为级联菜单,其子菜单如下:

▲ 项目(Project):新建一个编辑项目。

▲ 序列(Sequence):新建一个合成序列。

▲ 文件夹(Bin):在项目窗口中新建一个文件夹,一个文件夹中可以放置多个素材。

▲ 脱机文件(Offline File):创建一个脱机文件代替丢失的素材。若项目中使用的素材被移动或被删除,则时间线窗口中的源素材就会出现脱机文件符号。

▲ 字幕(Title):新建一个字幕制作窗口。

▲ Photoshop 文件(Photoshop File):新建一个 PSD 格式的静态图像。

▲ 彩条(Bars and Tone):新建彩色色调栅栏图像。

▲ 视频黑场(Black Video):新建一个黑屏图像。

▲ 彩色蒙板(Color Matte):新建一个彩色底纹,即在做叠加特效时为被叠加素材设置一个固定颜色的背景色。

▲ 通用倒计时片头(Universal Counting Leader):新建一个倒计时的视频素材。

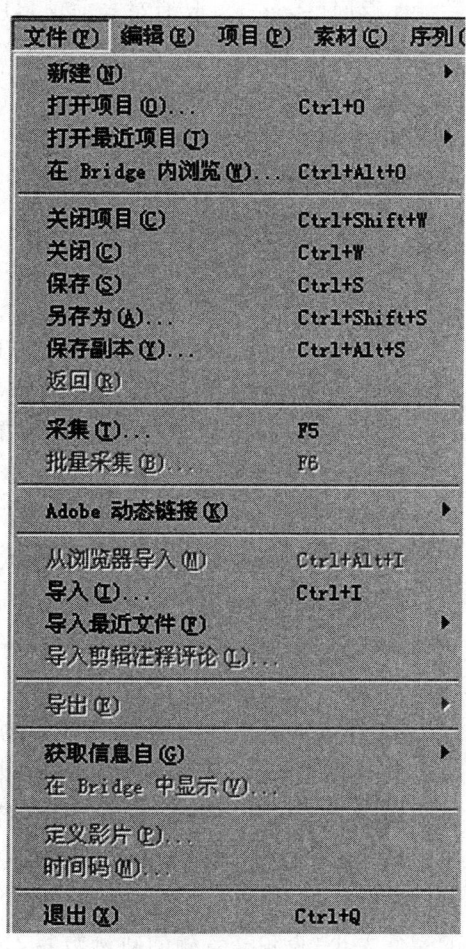

图 4-1

▲ 透明视频(Transparent Video):新建一个透明的视频素材。
● 打开项目(Open Project):打开一个已经存在的素材、影片文件等。
● 打开最近项目(Open Recent Project):打开近期使用的项目文件(会出现五个最近打开过的项目文件名)。
● 在 Bridge 内浏览(Browse in Bridge):在 Adobe Bridge CS4 中浏览当前项目。
● 关闭项目(Close Project):关闭当前正在进行的项目文件。
● 关闭(Close):关闭当前激活的窗口。
● 保存(Save):以原有文件名保存当前编辑的项目文件。
● 另存为(Save As):将当前编辑的项目文件改换名称后另外保存。
● 保存副本(Save a Copy):将当前编辑的项目改换名称后保存一个备份,但不改变当前编辑的项目文件名。
● 返回(Revert):取消对当前项目所做的修改并恢复到最近保存时的状态。
● 采集(Capture):利用附加的外部设施(视频卡、音频卡和相关软件)来采集多媒体素材。分为三种方式:Video and Audio(视频和音频共同捕获)、Video(视频捕获)和 Audio(音频捕获)。
● 批量采集(Batch Capture):自动或手动采集多段素材或某一段素材中的多段内容,可以大大提高工作效率。
● Adobe 动态链接(Adobe Dynamic Link):将 Premiere 中的素材和文件直接与 After Effects 和 Encore DVD 两款软件相互链接,无需事先对其进行运算,省略了渲染的时间。并且更改的结果还可自动更新,用户可以即时看到优化的效果。
● 从浏览器导入:从浏览器中直接导入素材。
● 导入(Import):为当前项目导入所需的各种素材文件或整个项目。
● 导入最近文件(Import Recent file):导入近期打开过的素材。
● 导入剪辑注释评论(Import Clip Notes Comments):导入素材的注解文档。
● 导出(Export):该项为级联菜单。其子菜单如下:
▲ 媒体(Media):通过 Media Encoder 输出各类格式的视频、音频和图片。
▲ Adobe 剪辑注释(Adobe Clip Notes):使用 Adobe 剪辑注释技术,允许您审阅影片并添加评论。
▲ 字幕(Title):输出项目窗口中的字幕文件。
▲ 输出到磁带(Export to Tape):将节目输出到磁带(将视频回录到磁带或 DV 上)。
▲ 输出到 EDL(Export to EDL):输出多种编辑判定列表。
▲ 输出为 OMF(Export As OMF):输出为 OMF 文件。
● 获取信息自(Get Properties for):获得素材或某一指定文件的属性,能够从中了解素材的文件大小、视频和音频的轨迹数目、长度、平均帧率、音频的各种指标以及相关的压缩设置等。该项为级联菜单,其子菜单如下:
▲ 文件(File):获取文件的属性。

▲ 选择(Selection)：在项目窗口中选择需要分析的素材，选择此命令后，在弹出的面板中将会显示该素材的类型和大小等各项参数信息。

● 在 Bridge 中显示(Reveal in Bridge)：用于在 Bridge CS4 中显示当前项目。

● 定义影片(Interpret Footage)：设置视频素材的信息，该项只有在选中项目素材库中的视频素材时才有效。可以通过这个命令来修改视频素材的帧率、像素尺寸比率和 Alpha 通道的设置。但一般情况下应保留默认值。面板中各选项的具体含义如下：

▲ 帧率(Frame Rate)：设置所选素材的帧率。

▲ 纵横比(Pixel Aspect Ratio)：设置像素尺寸比率。

▲ 忽略 Alpha 通道(Ignore Alpha Channel)：忽略 Alpha 通道。

▲ 倒置 Alpha 通道(Invert Alpha Channel)：将 Alpha 通道的属性反转。

● 时间码(Timecode)：设置素材的时间码或磁带名，该项同样只有在选中项目素材库中的视频素材时才有效。

● 退出(Exit)：退出 Premiere Pro 程序。

2．编辑(Edit)菜单

编辑菜单中的命令主要用于实现一些常规的编辑操作，其菜单中各选项的具体含义如下：

● 撤销(Undo)：取消对文件所做的最后一次修改并恢复到最后一次修改前的状态。当用户打开 Premiere Pro 后并未做任何操作时，显示为"不能撤销"。

● 重做(Redo)：重复上一步操作。当用户打开 Premiere Pro 后并未做任何操作时，显示为"不能重做"。

● 剪切(Cut)：剪切选定区域并存入剪贴板，以备粘贴。

● 复制(Copy)：复制选定区域并存入剪贴板。

● 粘贴(Paste)：将剪贴板中的内容粘贴到当前位置。

● 粘贴插入(Paste Insert)：将复制或者剪切的内容在指定的位置进行插入粘贴。

● 粘贴属性(Paste Attributes)：粘贴编辑对象时，将对象的属性一起粘贴到指定的对象上(比如对对象的各种操作)。

● 清除(Clear)：删除所选中的内容。

● 波纹删除(Ripple Delete)：采用这个命令删

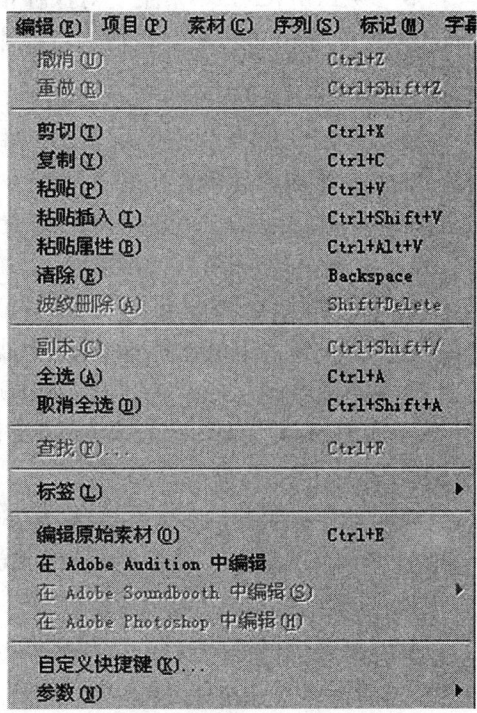

图 4 - 2

除时间线窗口中的素材时,被删除素材的后面内容将自动向前移动(距离为被删除素材的长度),而一般的删除命令不能达到这种特效。

● 副本(Duplicate):制作素材副本。
● 全选(Select All):选择所有对象。
● 取消全选(Deselect All):取消所有选择。
● 查找(Find):根据名称、标签、备注、标记或出入点在项目窗口中定位素材。
● 标签(Label):定义时间线窗口中素材的颜色,即它们的标签颜色。
● 编辑原始素材(Edit Original):此命令用来将所选素材进行初始化编辑,即可以打开某个软件对素材进行处理。
● 在 Adobe Audition 中编辑(Edit in Adobe Audition):调用 Adobe Audition 编辑素材。
● 在 Adobe Soundbooth 中编辑(Edit in Adobe Soundbooth):调用 Adobe Soundbooth 编辑素材。
● 在 Adobe Photoshop 中编辑(Edit in Adobe Photoshop):调用 Adobe Photoshop 编辑素材。
● 自定义快捷键(Keyboard Customization):主要用于快捷键的定义,可以根据自己的使用习惯对 Premiere Pro 的快捷键进行设置,并且可以用文件的形式保存。
● 参数(Preferences):主要对保存格式、自动存盘等一系列的环境参数进行设置,在未设置的情况下,系统将按照默认值进行操作。该项中包括环境参数。

3. 项目(Project)菜单

项目菜单中的命令主要实现对项目的具体操作,其菜单中各选项的具体含义如下:

● 项目设置(Project Setting):设置素材的项目参数,包括常规设置和暂存盘设置。
● 链接媒体(Link Media):将项目窗口中的素材与外部的视频文件、音频文件以及网络等媒介链接起来。
● 造成脱机(Unlink Media):取消项目窗口中的素材与外部的视频文件、音频文件以及网络等媒介的链接。
● 自动匹配到序列(Automate to Sequence):将项目窗口中所选的素材自动排列到时间线窗口中的序列轨道中。
● 导入批处理列表(Import Batch List):输入一个 Premiere Pro 格式的批处理文件列表。
● 导出批处理列表(Export Batch List):输出一个 Premiere Pro 格式的批处理文件列表。

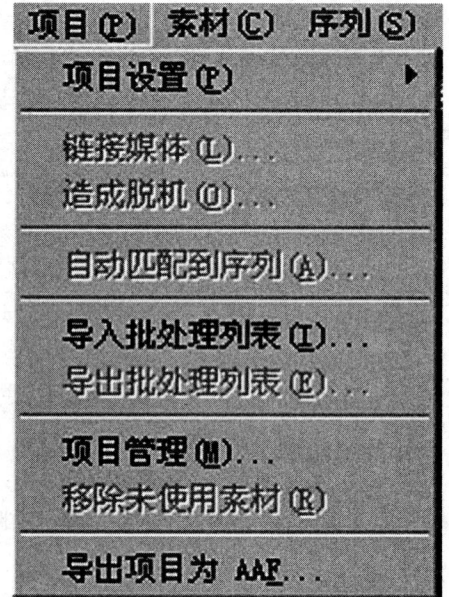

图 4-3

- 项目管理(Project Manager):用于管理项目文件或使用的素材。
- 移除未使用素材(Remove Unused):用于清理项目窗口中没有使用的素材。
- 导出项目为 AAF(Export Project as AAF):把当前项目以 AAF 格式输出。

4．素材(Clip)菜单

素材菜单中的命令主要用于实现对素材的具体操作,其菜单中各选项的具体含义如下:

- 重命名(Rename):给素材重新命名。
- 制作附加素材(Make Subclip):制作子素材。
- 编辑附加素材(Edit Subclip):编辑子素材
- 编辑脱机(Edit Offline):编辑离线浏览的素材文件。
- 采集设置(Capture Settings):对外部的采集设备进行设置,该命令还可以在编辑(Edit),参数选择(Preference),采集(Capture)中进行设置。
- 插入(Insert):在时间线窗口中的时间线标尺处插入素材。
- 覆盖(Overlay):将素材剪辑窗口中选定的内容覆盖到时间线窗口中时间线标尺所在位置,而覆盖部分的原有素材被取代。
- 替换影片(Replace Footage):用于替换影片文件。
- 素材替换(Replace With Clip):用于替换当前素材。
- 激活(Enable):使时间线窗口中的所选素材在未被激活的情况下不包括在预演影片或最终影片中。
- 解除视音频链接(Unlink):将素材分开为单独的视频和音频素材,以便对它们进行单独编辑。
- 编组(Group):将两个以上选定素材编组,以便于移动和编辑。
- 取消编组(Ungroup):取消已经编组的素材。
- 同步(Synchronize):在进行多机位剪辑时同步各个机位的时间码。
- 嵌套(Nest):用于创建嵌套序列。
- 多机位(Multi-Camera):用于进行多机位剪辑,以提高工作效率。
- 视频选项(Video Options):设置视频素材的相关参数。
- 音频选项(Audio Options):设置音频素材的相关参数。
- 速度/持续时间(Speed/Duration):设置素材的回放速度和持续时间。
- 移除效果(Remove Effects):删除素材上已添加的各种效果。

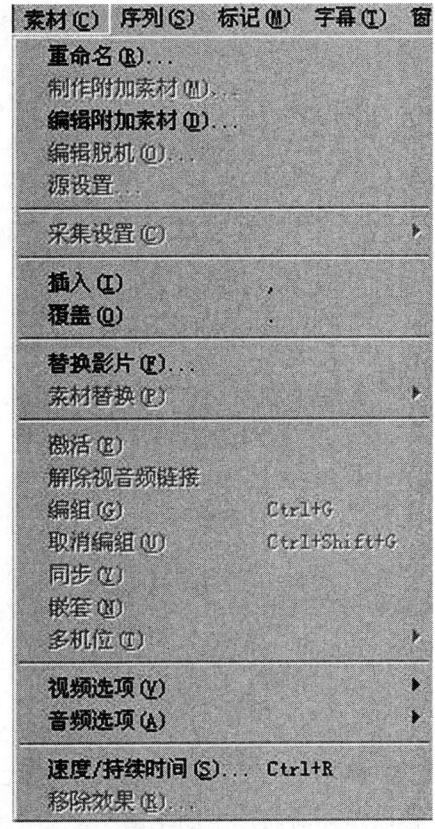

图 4-4

5. 序列(Sequence)菜单

序列是 Premiere Pro 中新增的概念,一个序列代表一个时间线标尺上一系列素材之间的关系,一个项目中可以包含多个序列。序列菜单中的命令主要是对项目中当前的活动序列进行编辑处理,其菜单中各选项的具体含义如下:

● 序列设置(Sequence Settings):设置序列的相关参数。

● 渲染工作区内的效果(Render Effects in Work Area):用于快速合成并渲染当前序列的所有素材。

● 渲染整段工作区(Render Entire Work Area):用于快速渲染整段工作区。

● 渲染音频(Render Audio):用于渲染序列中的音频素材。

● 删除渲染文件(Delete Render Files):删除渲染之后生成的文件。

● 删除工作区渲染文件(Delete Work Area Render Files):删除工作区渲染生成的文件。

● 应用剃刀于当前时间标示点(Razor at Current Time Indictor):在时间线标尺上剪断素材,即在时间线标尺所在位置将素材分割成两部分。

● 提升(Lift):将监视器窗口中选定的从入点到出点的素材提出,出点后面的素材位置不变。

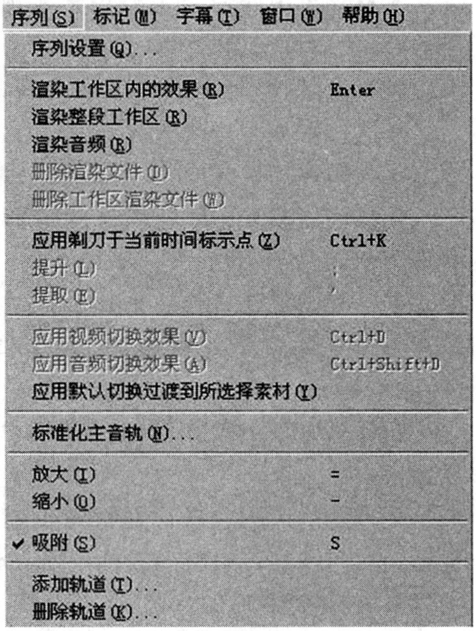

图 4-5

● 提取(Extract):将监视器窗口中选定的从入点到出点的素材提出,出点后面的素材前移以填补前面产生的空缺。

● 应用视频切换效果(Apply Video Transition):在视频素材上应用转场特效。

● 应用音频切换效果(Apply Audio Transition):在音频素材中应用转场特效。

● 应用默认切换过渡到所选择素材(Apply Default Transition to Selection):将系统默认的切换效果应用到当前选择的素材上。

● 标准化主音轨(Normalize Master Track):使音频轨道还原为标准设置。

● 放大(Zoom In):在时间线窗口中将素材放大显示。

● 缩小(Zoom Out):在时间线窗口中将素材缩小显示。

● 吸附(Snap):将素材的边缘自动对齐。

● 添加轨道(Add Tracks):增加序列的编辑轨道。

● 删除轨道(Delete Tracks):删除序列的编辑轨道。

6. 标记(Marker)菜单

标记菜单中的命令主要用于实现对素材标记和场景序列标记进行编辑处理,菜单中各选项的具体含义如下:

● 设置素材标记(Set Clip Marker):分别用来设置素材标记的入点(In)、出点(Out)、视频入点(Video In)、视频出点(Video Out)、音频入点(Audio In)、音频出点(Audio Out)、未编号(Unnumbered)、下一个有效编号(Next Available Numbered)、其他编号(Other Numbered)。

● 跳转素材标记(Go to Clip Marker):分别用来定位素材中已设定的下一个(Next)、上一个(Previous)、入点(In)、出点(Out)、视频入点(Video In)、视频出点(Video Out)、音频入点(Audio In)、音频出点(Audio Out)、编号(Numbered)。

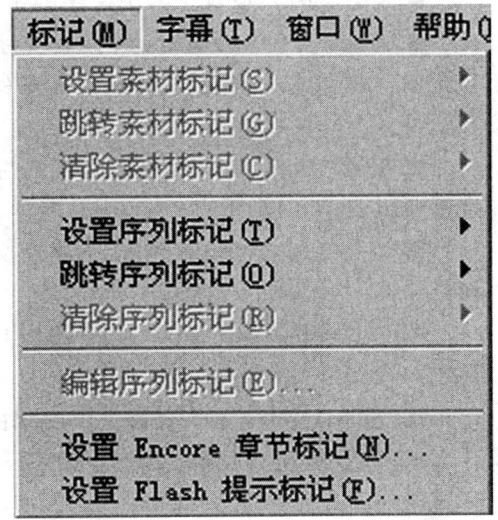

图 4-6

● 清除素材标记(Clear Clip Marker):分别用来清除素材中已设置的当前标记(Current Marker)、所有标记(All Markers)、入点和出点(In and Out)、入点(In)、出点(Out)和编号(Numbered)标记。

● 设置序列标记(Set Sequence Marker):设置时间线的标记,菜单功能与设置素材标记(Set Clip Marker)类似。

● 跳转序列标记(Go to Sequence Marker):定位到时间线中已设定的标记,菜单功能与"跳转素材标记(Go to Clip Marker)"类似。

● 清除序列标记(Clear Sequence Marker):清除时间线中已设置的标记,菜单功能与"清除素材标记(Clear Clip Marker)"类似。

● 编辑序列标记(Edit Sequence Marker):编辑时间线中已经设置的标记,包括添加注释、标记持续时间等。

● 设置 Encore 章节标记(Set Encore Chapter Marker):用于使用 Encore 刻录 DVD 光盘时设置相应的章节标志。

● 设置 Flash 提示标记(Set Flash Cue Marker):用于输出 Flash 格式文件时设置提示标志。

7. 字幕(Title)菜单

字幕菜单中的命令主要用于实现字幕制作过程中的各项编辑和调整,该菜单只有在字幕制作窗口打开时才有效,如果字幕制作窗口未打开,则必须新建一个字幕或者选择项目素材库中的某个字幕文件,才能激活该菜单。菜单中各选项的具体含义如下:

● 新建字幕(New Title):用于创建新的字幕文件。

● 字体(Font)：选择文字的字体。
● 大小(Size)：设置字幕中文字的字号大小。
● 输入对齐(Type Alignment)：文字的对齐方式。包括左(Left)对齐、居中(Center)对齐和右(Right)对齐三种。
● 方向(Orientation)：选择文字的排列方向，分为水平(Horizontal)和垂直(Vertical)两种。
● 自动换行(Word Wrap)：设置文字是否自动换行。
● 停止跳格(Tad Stops)：进行窗口中的制表符设置。
● 模板(Templates)：选择文字编辑的模板形式。
● 滚动/游动选项(Roll/Crawl Options)：设置字幕滚动的方式。
● 标志(Logo)：插入或编辑字幕窗口中的图形。
● 转换(Transform)：变换文字的位置(Position)、比例(Scale)、旋转(Rotation)和透明(Opacity)。
● 选择(Select)：选择字幕窗口中的指定对象。
● 排列(Arrange)：改变当前文字的排列方式。
● 位置(Position)：设置文字在字幕窗口中的位置。
● 排列对象(Align Objects)：将文字对齐当前字幕窗口中的指定对象。
● 分布对象(Distribute Objects)：设置当前字幕窗口中选定对象的分布方式。
● 查看(View)：选择字幕窗口中的视图显示方式。分为是否显示安全字幕框(Safe Title Margin)、安全动作框(Safe Action Margin)、文本基线(Text Baselines)和跳格标记(Tab Markers)四种方式。

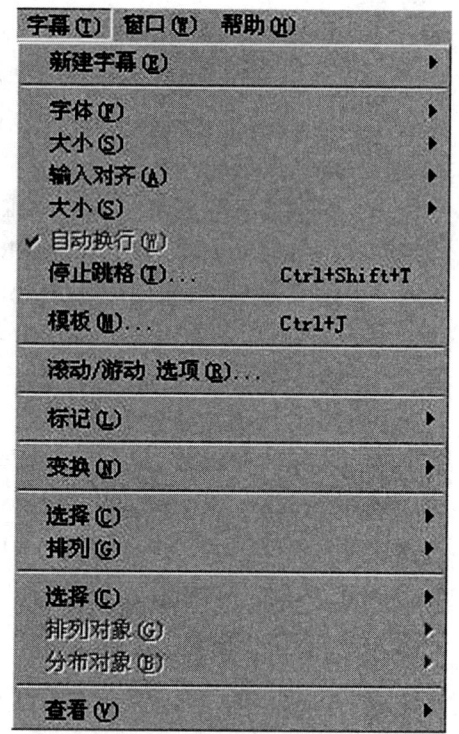

图 4-7

8. 窗口(Window)菜单

窗口菜单中的命令主要用于实现对各种编辑窗口和控制面板的管理，比如显示或隐藏特效、信息等面板。菜单栏中各选项的具体含义如下：
● 工作区(Workspace)：该项用来选择软件的编辑模式，可以导入、保存或删除工作区域。
● VST 编辑器(VST Editor)：显示或隐藏 VST 编辑器窗口。
● 主音频计量器(Audio Master Meters)：显示或隐藏主音频计量器窗口。
● 事件(Events)：显示或隐藏事件窗口。
● 信息(Info)：显示或隐藏当前项目的信息窗口。
● 修整监视器(Trim Monitor)：显示或隐藏修正监视器窗口。
● 元数据(Metadata)：显示或隐藏元数据窗口。
● 历史(History)：显示或隐藏当前项目的历史记录窗口。

● 参考监视器(Reference Monitor)：显示或隐藏参考监视器窗口。

● 多机位监视器(Multi-Camera Monitor)：显示或隐藏多机位监视器窗口。

● 媒体浏览(Media Brower)：显示或隐藏媒体浏览窗口。

● 字幕动作(Title Actions)：显示或隐藏字幕动作窗口。

● 字幕属性(Title Properties)：显示或隐藏字幕属性窗口。

● 字幕工具(Title Tools)：显示或隐藏字幕工具窗口。

● 字幕样式(Title Styles)：显示或隐藏字幕样式窗口。

● 字幕设计(Title Designer)：显示或隐藏字幕设计窗口。

● 工具(Tools)：显示或隐藏当前项目的工具栏。

● 效果(Effects)：显示或隐藏当前项目的特效窗口。

● 时间线(Timelines)：显示或隐藏时间线窗口。

● 特效控制台(Effect Controls)：显示或隐藏当前项目的特效控制窗口。

● 素材源监视器(Source Monitor)：显示或隐藏素材源监视器。

● 节目监视器(Program Monitor)：显示或隐藏节目监视器。

● 调音台(Audio Mixer)：显示或隐藏当前项目的音频混音器窗口。

● 资源中心(Resource Central)：显示或隐藏资源中心窗口。

● 采集(Capture)：显示或隐藏采集窗口。

● 项目(Project)：显示或隐藏当前项目窗口。

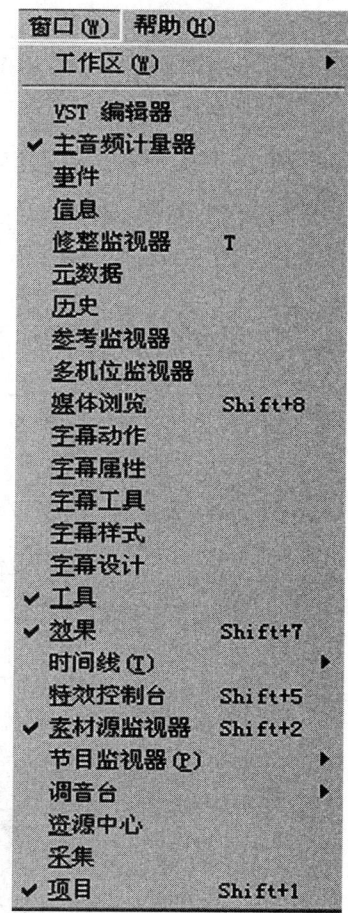

图4-8

9. 帮助(Help)菜单

帮助菜单中的命令主要用于提供软件的各种帮助信息。菜单栏中各选项的具体含义如下：

● Adobe Premiere Pro 帮助(Adobe Premiere Pro Help)：用于打开 Adobe Premiere Pro CS4 的帮助页面。

● Adobe 产品改进程序(Adobe Product Improvement Program)：用于下载和安装 Adobe 的产品补丁程序。

● 键盘(Keyboard)：关于快捷键的介绍。

● 在线支持(Online Support)：用于打开 Adobe 的官方网站。

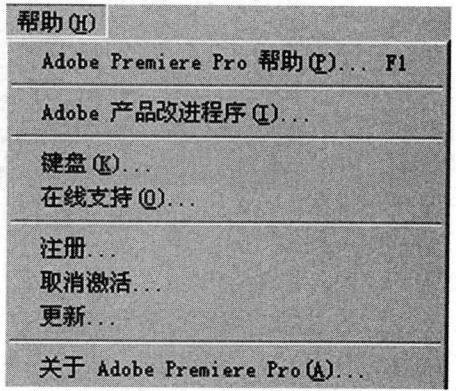

图4-9

● 注册(Registration):用于进行软件注册。
● 取消激活(Deactivate):用于停止激活软件。
● 更新(Updates):用于在线更新软件。
● 关于 Adobe Premiere Pro (About Adobe Premiere Pro):显示软件 Adobe Premiere Pro 的相关信息。

第三节 Premiere 界面及工作窗口介绍

一、Premiere 界面

Premiere Pro 全新的界面设计,活动窗口,更加人性化的设计,操作者可以根据工作需要和个人喜好自由设置所有面板的位置、大小,模块以及模块中按键数量、布局,任意摆放界面。界面摆放、模板设置、活动窗口等记忆功能使得系统可以根据登陆的不同用户,提供该用户上次退出时的历史工作界面及编辑环境等等,这里我们显示的是一种布局方式。

图 4-10

二、主要界面及窗口介绍

1. 项目(Project)窗口

项目窗口是素材文件的管理器,首先将所需的素材导入其中,再进行管理操作。**将素材**

导入至项目窗口后,将会在其中显示文件的名称、类型、长度和大小等信息,并在窗口的上方显示选中素材的缩略图及其基本信息。

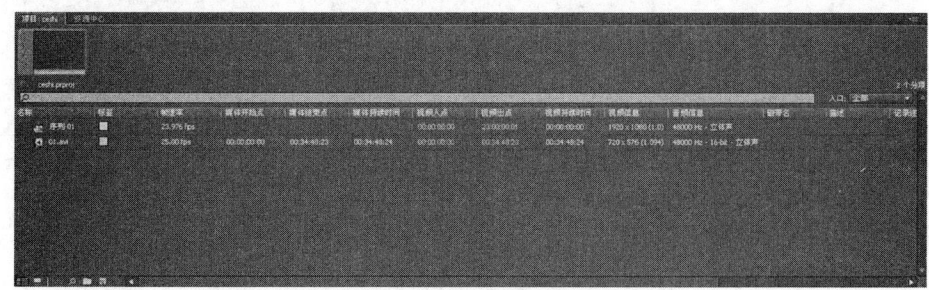

图 4-11

项目窗口工具栏:

列表:素材以列表方式显示。

图标:素材以图标方式显示。

自动到时间线:将项目窗口中选择的素材自动排列到时间线窗口时间线上。

查找:根据名称、标签、备注或入出点在项目窗口中定位素材。

文件夹:新建素材文件夹。

新建分类:通过它可以新建多种类型的素材,如字幕、标准色彩条、视频黑屏等。

删除:删除项目窗口选中的文件或文件夹。

2. 监视器(Monitor)窗口

监视器窗口是用来播放素材和监控节目内容的窗口,主要分为源监视器(图4-12左)和节目监视器(图4-12右)。监视器窗口不仅用来播放和预览,还可以进行一些基本的编辑操作。

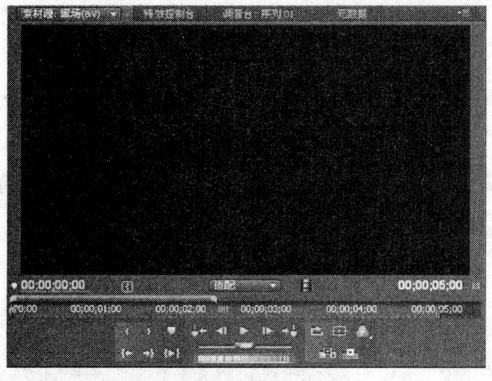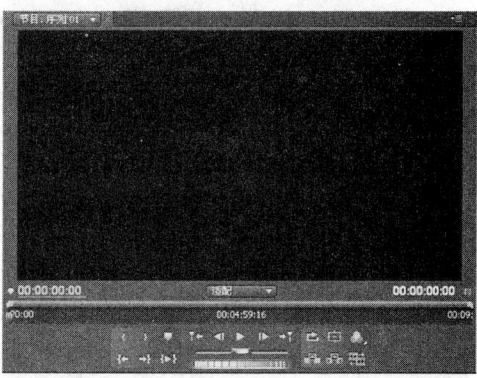

图 4-12

具体按键功能如下：

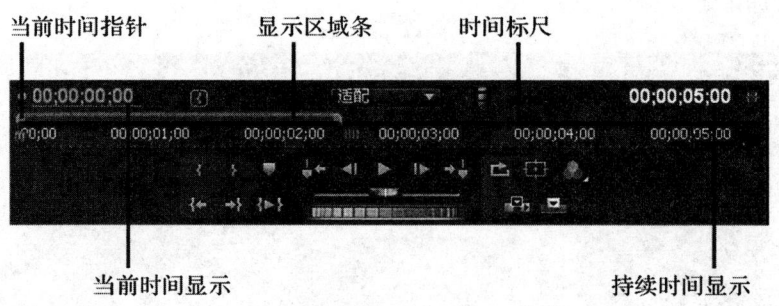

图 4-13

(1) 时间标尺

在源监视器和节目监视器的时间标尺中分别以刻度尺的形式显示素材片段或序列的持续时间长度。时刻的度量和显示与项目设置保持一致。每个标尺还会显示所在对应监视器的标记，以及入点和出点的位置。可以通过拖拽当前时间指针，在时间标尺上调整当前时间指针的位置；还可以通过各种图标，在时间标尺上标记，以及对入点和出点的位置进行调整。

(2) 当前时间指针

在监视器的时间标尺中，显示为一个蓝色三角指针，精确指示当前帧的位置。

(3) 当前时间显示

在每个监视器中视频的左下方显示当前帧的时间码。在源监视器中显示打开素材的当前时间；而在节目监视器中则显示序列的当前时间。将其点击激活后可以输入新的时间，或将鼠标放在上方进行拖拽也可以更改时间。

(4) 持续时间显示

在每个监视器中视频的右下方显示当前打开素材片段或序列的持续时间。持续时间不同于素材片段或序列中入点到出点之间的时间。当并未设置入点和出点时，持续时间就是指整段素材的时间长度，而当设置了入点和出点之后，则指的是入点到出点的时间长度。

(5) 显示区域条

表示每个监视器调板中时间标尺上的可视区域。它是两个端点都带有柄的细条，处于时间标尺的上方。可以通过拖拽柄，以改变显示区域条的长度，从而改变下方时间标尺的显示比例。当将显示区域条拓展为最大尺寸时，可以显示时间标尺的全程。缩短显示区域条，可以放大时间标尺，以查看更多细节。拖拽显示区域条的中心位置，可以在不改变显示比例的情况下，滚动时间标尺的可视区域。

■ 转到上一个标记点：后退到上一个标记点。

■ 单步后退：每单击此按钮一次，素材倒退一帧。

■ 播放：从当前帧开始播放。

■ 停止：停止播放。

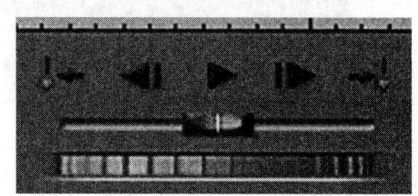

图 4-14

单步前进：每单击此按钮一次，素材前进一帧。

转到下一个标记点：前进到下一个标记点。

飞梭滑块：向左拖拽飞梭滑块可以进行反向播放，向右拖拽飞梭滑块可以进行正向播放，播放速度随拖拽幅度增加。释放滑块回归原位，可以停止播放。

慢寻转盘：向左或者向右拖拽慢寻转盘，可以以拖拽的速度，反向或正向逐帧播放视频。

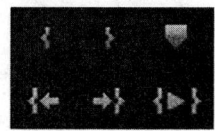 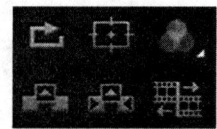 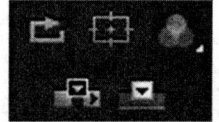

图 4-15

设置入点：单击此按钮，会将时间线标尺目前所在的位置标注为素材的入点。

设置出点：单击此按钮，会将时间线标尺目前所在的位置标注为素材的出点。

设置未编号标记：设置未编号的标记点。

转到入点：快速定位到入点。

转到出点：快速定位到出点。

从入点到出点播放：从入点到出点播放素材。

循环：循环播放素材。

安全框：显示素材的安全边线。

输出：选择素材的输出信息选项。

提升：将在播放窗口中标注的素材从时间线（Timeline）窗口中提出去，其他素材的位置不变。

提取：将在播放窗口中标注的素材从时间线（Timeline）窗口中提出，其后面的素材依次前移。

修整监视器：对相邻两个素材的编辑点进行修整，位置是前一个素材的出点和后一个素材的入点。

与播放窗口中的工具栏相比较，素材窗口中有两个按钮不同，它们分别是：

插入：将素材窗口中的素材插入到时间线标尺所在的位置，插入点右边的素材都会向后推移。如果插入的位置在一个完整的素材上，则插入的素材会把原有的素材分为两段。

覆盖：将素材窗口中的素材插入到时间线标尺所在的位置，插入点右边的素材会被部分或者全部覆盖。如果插入位置在一个完整的素材上，则插入的新素材会覆盖插入点右边相应长度的原有素材。

3. 时间线（Timeline）窗口

时间线窗口是装配素材片段和编辑节目的主要场所，素材片段按时间的先后顺序及合成的先后层顺序在时间线上从左至右，由上及下排列，可以使用各种编辑工具在其中进行编辑操作。

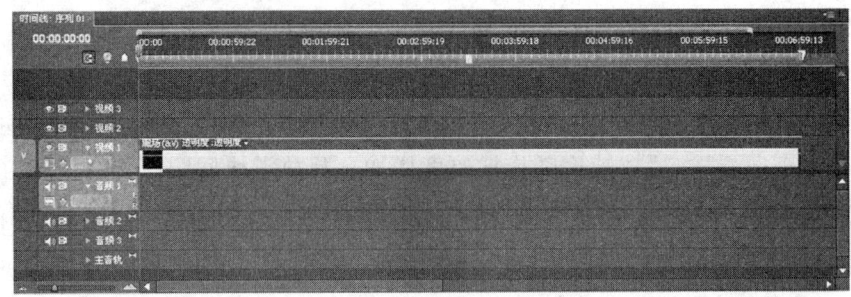

图 4-16

具体按键功能如下：

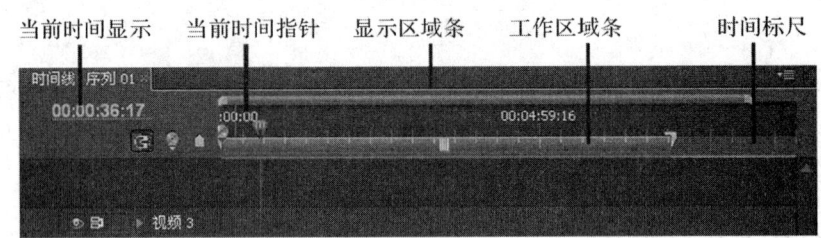

图 4-17

(1) 时间标尺

使用与项目设置保持一致的时间度量方式,横向测量序列时间。刻度和相应的数字沿标尺进行显示,以指示序列时间标尺上还显示标记、序列入点和出点等图标。

(2) 当前时间指针

在序列中设置当前帧的位置,当前帧会在节目监视器中进行显示。当前时间指针在时间标尺上显示为一个蓝色三角指针,其延展出来的一条红色时间指示线纵向贯穿整个时间线,可以通过拖拽当前时间指针的方式,更改当前时间。

(3) 当前时间显示

在时间线调板中显示当前帧的时间码,将其点击激活后可以输入新的时间,或将鼠标放在上方进行拖拽也可以更改时间。

(4) 显示区域条

表示时间线调板中序列的可视区域。可以通过拖拽的方式来改变显示区域条的长度和位置,以显示序列的不同部分。显示区域条位于时间标尺的上方。

(5) 工作区域条

设置欲进行预览或输出的序列部分。工作区域条位于时间标尺的下半部分。

图 4-18

(6) 缩放控制

改变时间标尺的显示比例,以增加或减少显示细节。缩放控制条位于时间线的左下部分。

■ 固定轨道输出：切换轨道输出的开启和关闭。

■ 切换同步锁定：用于锁定或解开两个素材的同步链接关系。

■ 锁定轨道：将选定轨道锁定。

▶ 缩小/扩张轨道：展开和折叠选定轨道。

■ 设定显示风格：选择缩略图如何出现和是否出现在时间线窗口的轨道上。

◆ 显示关键帧：在时间线中查看关键帧或者透明控制。

◆ 添加/删除关键帧：在轨道的效果曲线上添加或者删除关键帧。

当添加了多个关键帧后，通过单击面板中的左右箭头按钮，可以使时间线标尺定位在不同的关键帧上。

4. 信息（Information）窗口

信息窗口显示选中元素的基本信息，如果是素材片段，显示其持续时间、入点和出点等信息。信息显示的方式完全取决于媒体类型，当前窗口等要素。显示的信息对于编辑工作可以起到很大的参考作用。

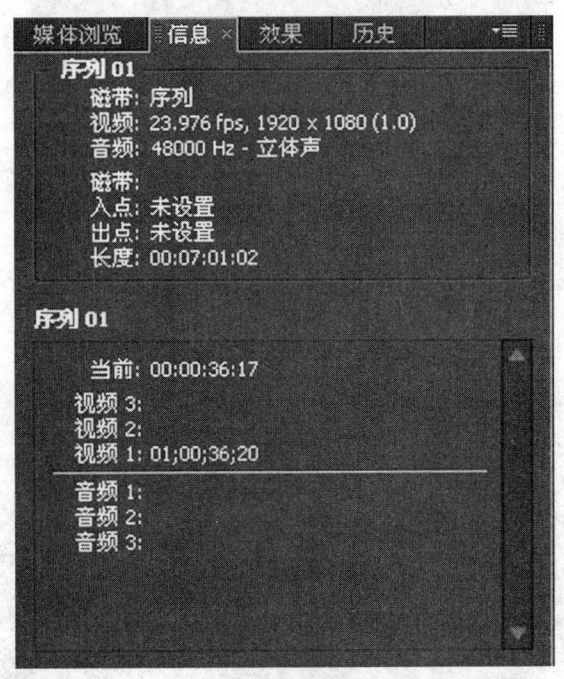

图 4-19

5. 历史（History）窗口

历史窗口记录了从建立项目开始以来进行的所有操作，如果执行了错误操作，可以单击历史窗口中相应的命令,以返回到错误操作前的某一状态。

图 4-20

6. 媒体浏览(Media Browse)窗口

媒体浏览窗口可以浏览本地硬盘以及外置设备上的所有 Premiere 支持的文件,便于用户查找、分类和浏览相应的素材文件。并可以通过源监视器对文件进行预览,通过拖拽可以直接将文件导入项目窗口。

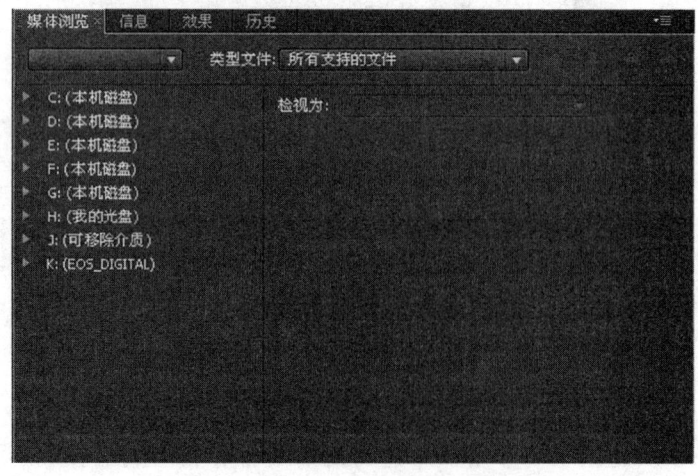

图 4-21

7. 效果（Effects）窗口

效果窗口中包含了大量的转场和特效，可以使用拖拽或其他方式为序列中的素材施加转场和特效。在效果控制窗口或时间线窗口中，可以对效果进行控制，并创建动画，并对转场的具体参数进行设置。

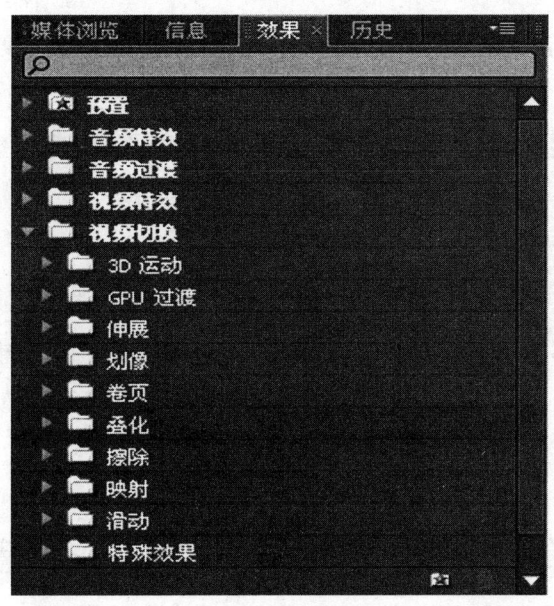

图 4-22

8. 工具箱（Tools）窗口

工具箱中包含各种在时间线窗口中进行编辑的工具。一旦选中某个工具，鼠标在时间线窗口中便会显现出此工具的外形及其相应的编辑功能，工具箱中各工具按钮的功能如下：

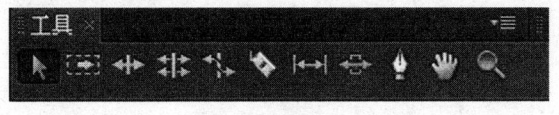

图 4-23

选择工具：用于选择素材、移动素材、调节素材关键帧。同时，将该工具移放到素材的边缘时，光标会变成拉伸图标。就可以通过拉伸素材而为素材设置入点和出点。

轨道选择工具：用于选择某一轨道上的所有素材。

波纹编辑工具：拖动素材的出入点可以改变素材的长度，而轨道上其他素材的长度不受影响。

旋转编辑工具：用来调整两个相邻素材的长度，两个被调整的素材长度变化是一种彼此消长的关系，在固定的长度范围内，一个素材增加的帧数必然会从相邻的素材中减去。

比例伸展工具：对素材速度的调整。缩短素材则速度加快，拉长素材则速度减慢。

剃刀工具：用于分割素材。选择刀片工具后单击素材，会将素材分为两段，产生新的入点和出点。

滑动编辑工具：改变一段素材的入点和出点。保持其总长度不变，并且不影响相邻的其他素材。

幻灯片编辑工具：保持要剪辑素材的入点和出点不变，改变前一素材的出点和后一素材的入点。

钢笔工具：主要用来调整素材的关键帧。

手动工具：用于改变时间线窗口的可视区域，在编辑一些较长的素材时以方便观察。

缩放工具：用来调整时间线窗口中显示的时间单位。按 Alt 键，可以在放大和缩小模式间进行切换。

第四节　Premiere 基本工作流程

一、建立一个新项目，设置项目视频和音频的属性

启动 Premiere pro，软件会显示一个欢迎窗口，用户可以选择打开最近使用项目、新建项目、打开原有项目和帮助。

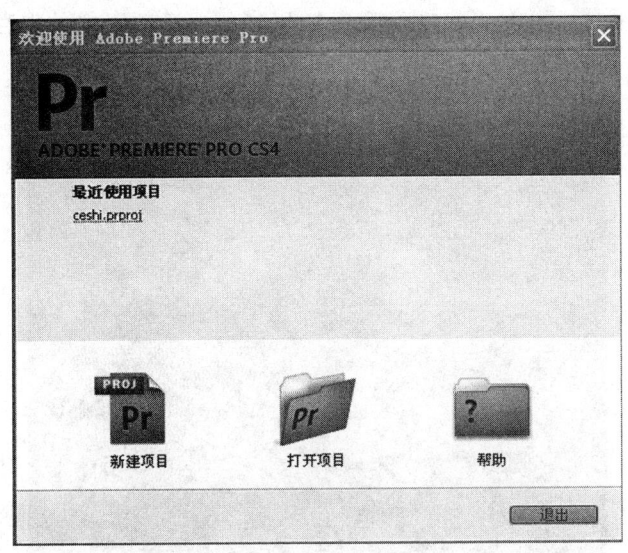

图 4-24

点击新建项目,会显示新建项目窗口,在这个窗口中,有常规和暂存盘两个选项,在窗口下部可对项目保存位置、项目名称等进行设置。

在常规项中,用户可以对活动与字幕安全区域、视频显示格式、音频显示格式、采集格式进行设置。

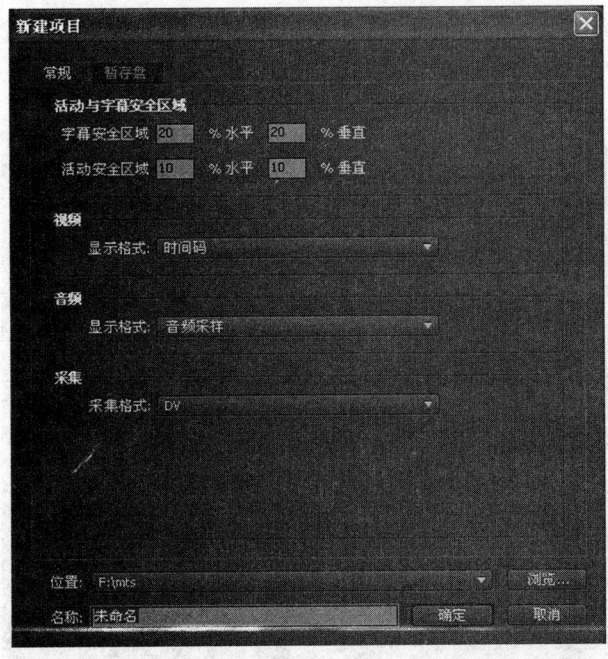

图 4-25

在暂存盘项中,用户可以对采集视音频资料和演示视音频资料的保存位置进行设置。

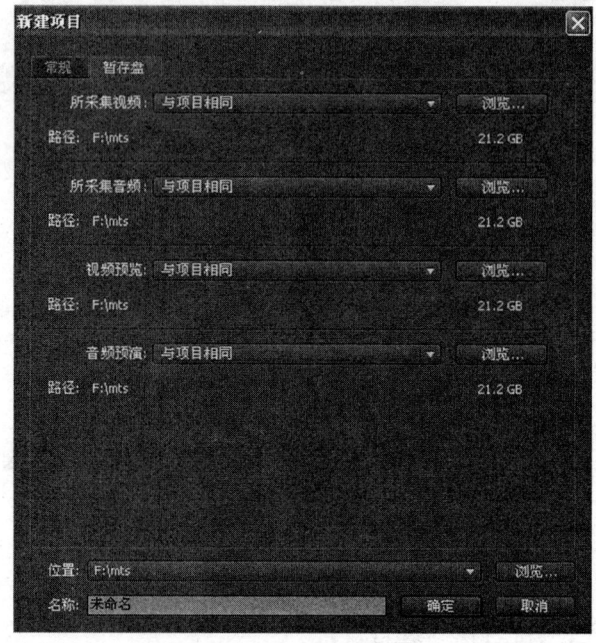

图 4-26

设置完毕点击确定后,会显示新建序列窗口。在这个窗口中,有序列预置、常规和轨道三个选项,在窗口下部可对项目保存位置、项目名称等进行设置,同时在窗口下部可以设置序列名称。在序列预置项中,用户可以对需要进行编辑的常规视频素材格式进行选择。

图 4-27

如果在序列预置项中的设置不满意可以选择常规项,进行自主设置。在常规项中,用户可以设置视频编辑模式、时间基准、视频的帧尺寸、像素宽高比、场、视频显示格式、音频采样率、音频显示格式、预览文件格式和编码等,勾选最大位数深度和最高渲染品质。

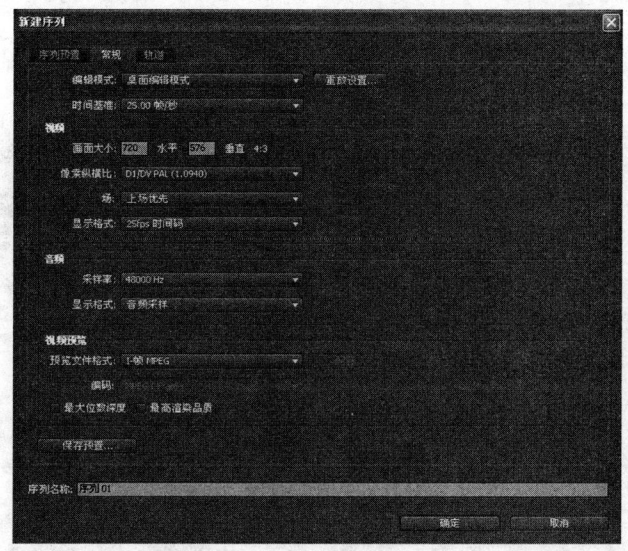

图 4-28

在轨道项中,用户可以设置视频轨道和各种音频轨道的数量。

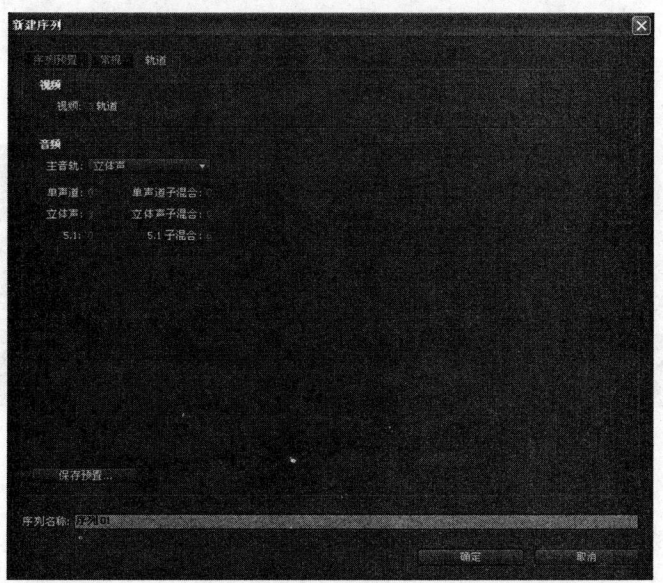

图 4-29

设置完成后,点击确定,这样就完成了新建项目。

二、采集和导入素材

在不同硬件的支持下,使用采集窗口可以从外部视音频播放设备中直接将**素材转换并采集**到计算机中,并可采集为不同的视音频格式。采集来的每个文件会自动变为项目窗口中的素材片段。

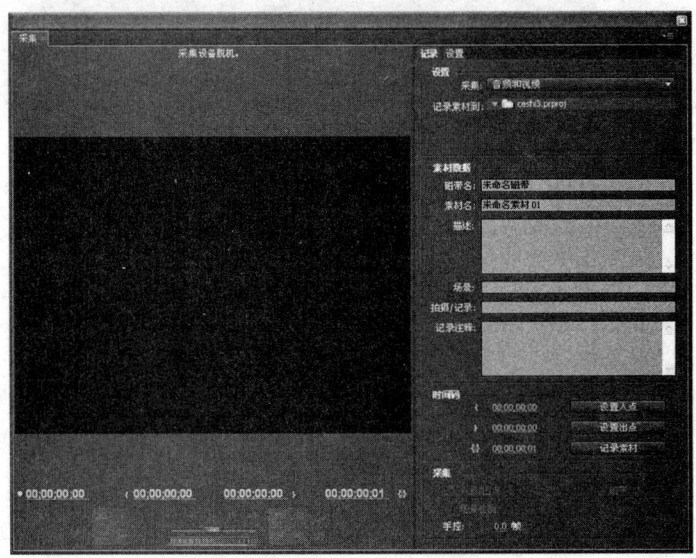

图 4-30

在项目窗口中,用户可以导入多种格式的视频、音频和图片。

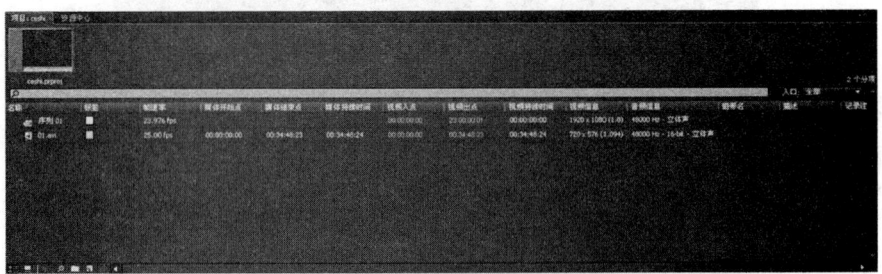

图 4-31

三、编辑素材

这是制作影片过程中最重要、也是最复杂的一环,可在时间线窗口与**监视器窗口**中利用时间线工具对素材进行切割、复制、移动等剪辑操作。

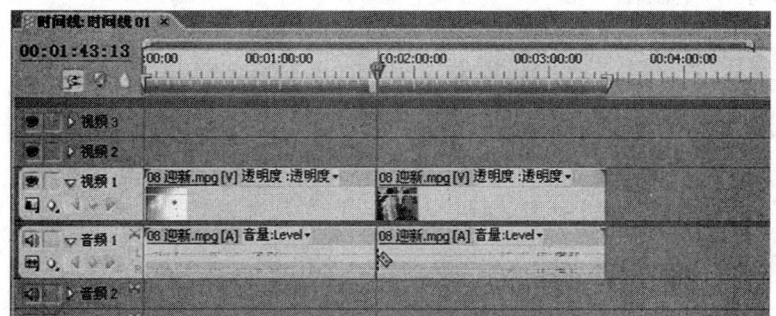

图 4-32

（1）在时间线窗口中为素材添加效果

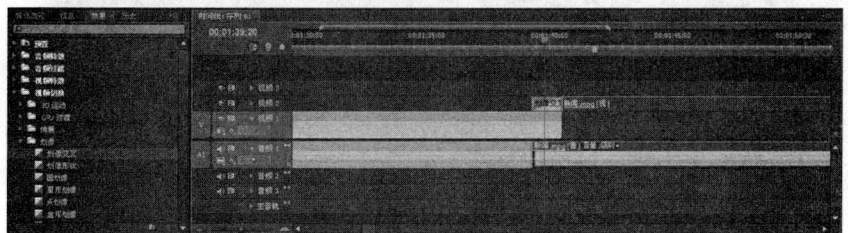

图 4-33

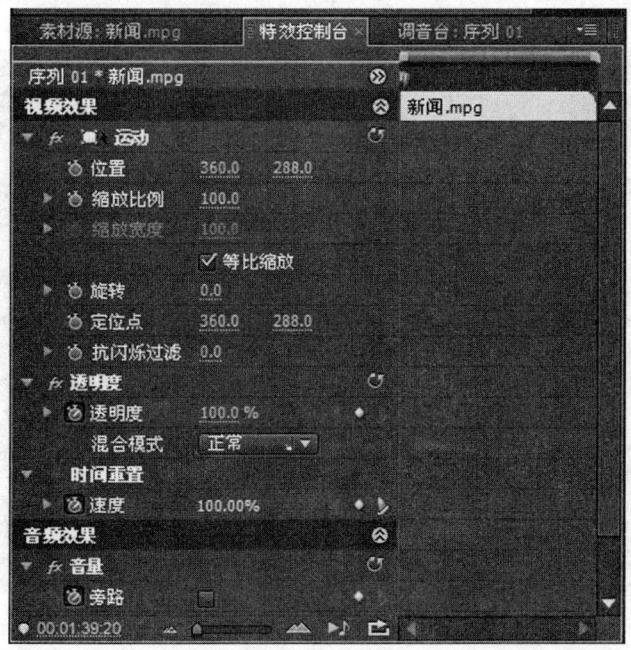

图 4-34

（2）在字幕窗口中制作字幕

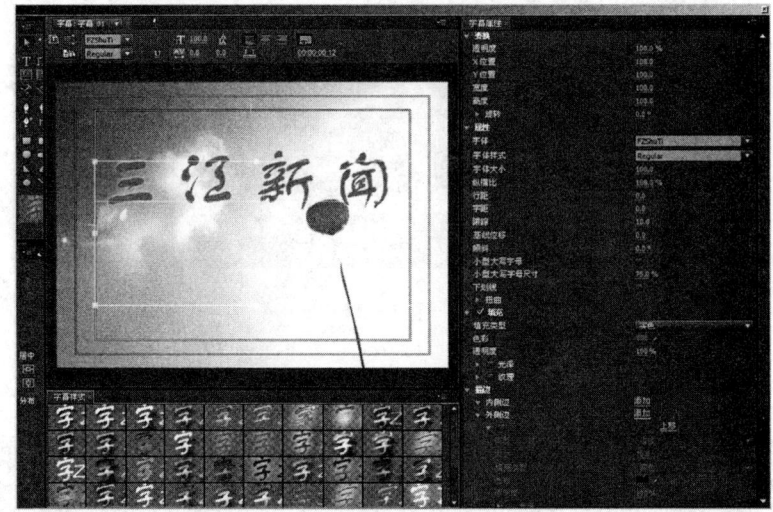

图 4-35

Premiere Pro 强大的编辑功能为人们带来了广阔自由的发挥空间。

四、输出影片

素材片段在时间线窗口中进行了各种编辑制作后，需要将其输出到特定的介质或区域当中，如磁带、单独的影音文件和蓝光等影碟。

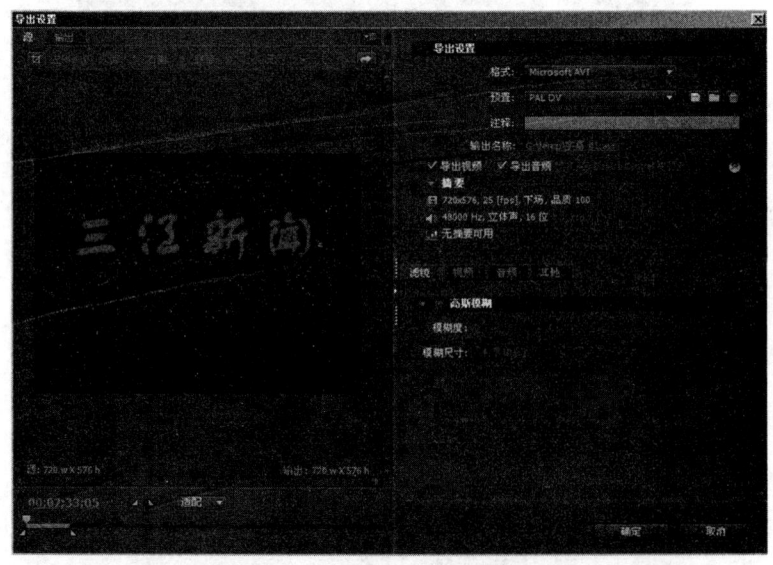

图 4-36

思考题

1. Premiere Pro CS4 进行高清格式编辑时对系统要求有哪些？
2. Premiere Pro CS4 主要的工作窗口有哪些？
3. 工具窗口中的各按键的主要功能是什么？
4. 简述 Premiere Pro CS4 的主要工作流程。

第五章 采集与输入

第一节 视频采集

采集就是素材上载过程,将原来存储在录像带或其他媒介上的内容变成了一个个数字视音频素材文件。

节目编辑之前,需要先把录像带或DV设备的素材上载到系统的硬盘中,视频采集分两种情况,一种是采集数字视频,另一种是采集模拟视频,它们的原理是不一样的。数字视频是使用DV数码摄像机拍摄的数字信号,由于它本身就是采用二进制编码数字信息,而电脑也是使用数字编码的方式来处理信息,所以只需要将视频数字信号直接传输到电脑中保存即可。模拟视频是使用模拟摄像机拍摄的模拟信号,它是一种电磁信号,在采集的时候通过播放解码成图像,再将图像编码成数字信号保存在电脑中。相对于数字视频而言,模拟视频的采集编码过程要复杂一些,对硬件的要求更高,而且效果比数字视频差,所以正在逐步被数字视频取代。

当前随着电视技术的发展,新型的存储介质的容量越来越大,采集也逐步走向通过读卡器将存储介质上的视音频文件直接复制到素材硬盘的过程。

目前Premiere系统支持更多专业的视音频采集功能,可以通过视频采集卡和IEEE 1394卡,高质量采集模拟和数字信号。并可以直接导入最新的视音频文件格式。

IEEE 1394,别名火线(FireWire)接口,是由苹果公司领导的开发联盟开发的一种高速传送串行接口,类似于USB接口,传输速度有100 Mb/s、200 Mb/s、400 Mb/s和800 Mb/s,目前已经制定出1.6 Gb/s和3.2 Gb/s的规格。Sony的产品称这种接口为I Link;德州仪器则称之为Lynx。它分为6Pin(图5-1左)和4Pin(图5-1右)两种接口。

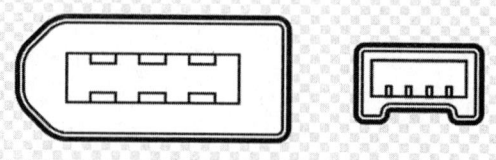

图5-1

一、采集准备

● 用1394线连接数码摄像机(录像机)与电脑。
● 打开摄像机(录像机)电源。
● 将摄像机(录像机)转至播放模式,此时,电脑中将显示接入DV设备。
● 如要采集正在拍摄的画面,可以将摄像机状态设置为拍摄模式。
● 如果连接正常应该在"我的电脑"中发现你的DV设备。

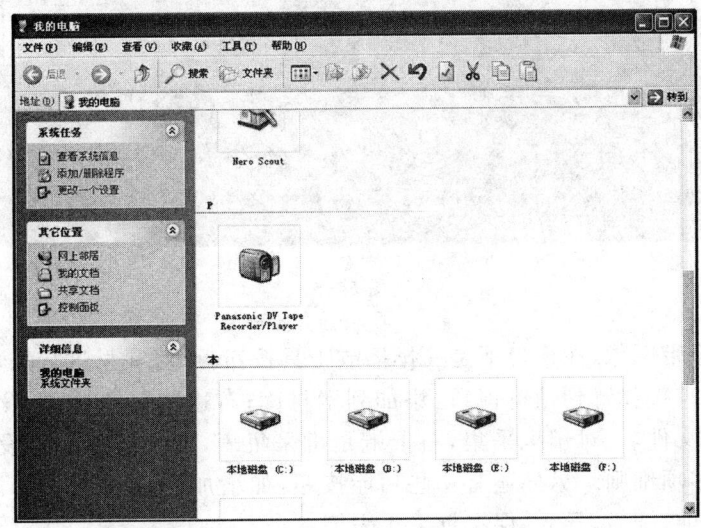

图5-2

在"我的电脑"中发现了你的DV设备后,就可以进入Premiere Pro进行视频采集了。

二、素材采集界面与设置

1. 素材采集界面

在Premiere Pro系统中,可以在"文件"菜单下选择"采集"(或用快捷键F5),弹出采集面板如下图。

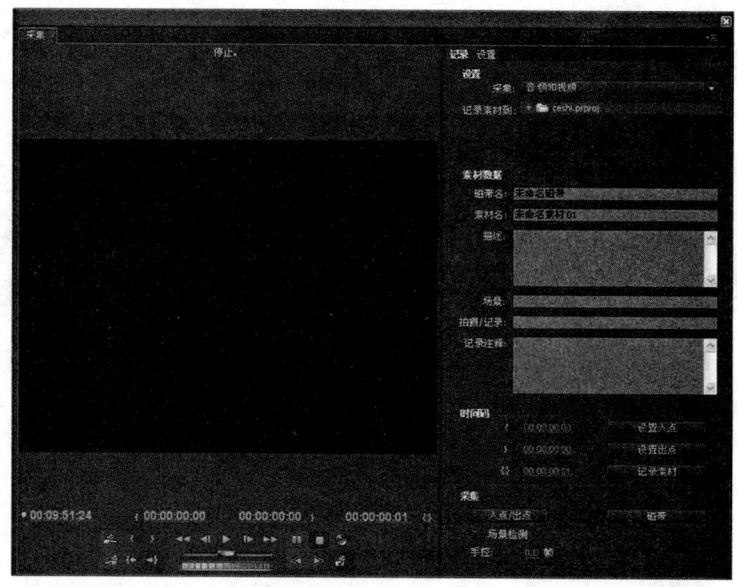

图 5-3

窗口显示录像带图像,在窗口下是一排播放工具按钮,可对素材进行采集、播放、搜索、设置入出点,把素材直接放置到预览窗口、添加到素材库;右边的采集设置,设置区中用户可以设置采集路径名,文件名;对于批采集,右下端是批采集表,批采集表可以设置名称、入点、出点、状态、路径等多项细则。另外还有一些功能按钮,如增加删除 Mark 点,添加、删除、修改、保存任务,任务提前、拖后、导入、保存批采集表等。

窗口中有多项设置和功能按钮,可根据不同需求选择使用。

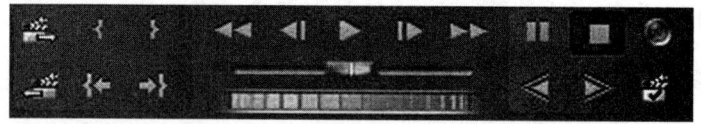

图 5-4

下一场景:用于自动切换到下一个场景。

设置入点:在当前画面上设置入点。

设置出点:在当前画面上设置出点。

上一场景:自动切换到上一个场景。

转到入点:用于使预览画面和时间码返回到设置入点的位置。

转到出点:用于使预览画面和时间码返回到设置出点的位置。

倒带:用于快速倒带。

◁ 单步后退:用于向后播放一帧。

▷ 播放:用于在预览窗口中播放 DV 带中当前时间码的画面。

▷ 单步前进:用于向前播放一帧画面。

▷▷ 快进:用于快速进带。

━━━ 飞梭滑块:向左拖拽飞梭滑块可以进行反向播放,向右拖拽飞梭滑块可以进行正向播放,播放速度随拖拽幅度增加。释放滑块回归原位,可以停止播放。

━━━ 慢寻转盘:用于向前播放一帧(向右边拖动鼠标)和向后播放一帧(向左拖动鼠标)。

▯▯ 暂停:暂时停止画面,时间码停止在当前显示帧。

▯ 停止:停止画面,DV 机处于非工作状态,时间码停止在当前帧。

● 录制:从当前时间码处开始录制画面。

◁ 缓慢后退:在预览区内缓慢后退 DV 带中的内容。

▷ 缓慢前进:在预览区内缓慢播放 DV 带中的内容。

场侦测:自动探测场。这是 Premiere Pro CS4 新增的功能,它可以自动探测 DV 带中场的顺序。在采集的时候可以很方便地通过 Next Scene(下一个场)和 Previous Scene(前一个场)这两个工具来自动切换场序。

2. 采集设置

在采集前还有一些工作要处理,就是要进行采集设置。先来看看记录选项卡中的一些设置。

(1) 采集设置区

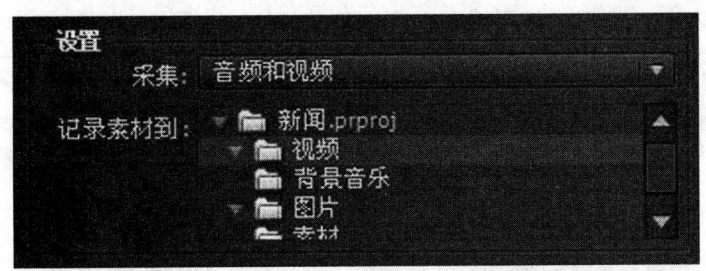

图 5-5

在采集设置区中采集选项是用来选择采集哪些素材的,在下拉菜单中有三个选项:音频和视频、视频和音频。如果选择了音频和视频就是同时采集音频信息和视频信息,若选择视频或音频则是只采集视频或者只采集音频。"记录素材"到是用来设置将采集到的素材存放到项目窗口的哪个文件夹下面,下图的设置是将采集到的素材存放到视频文件夹中。

（2）素材数据设置区

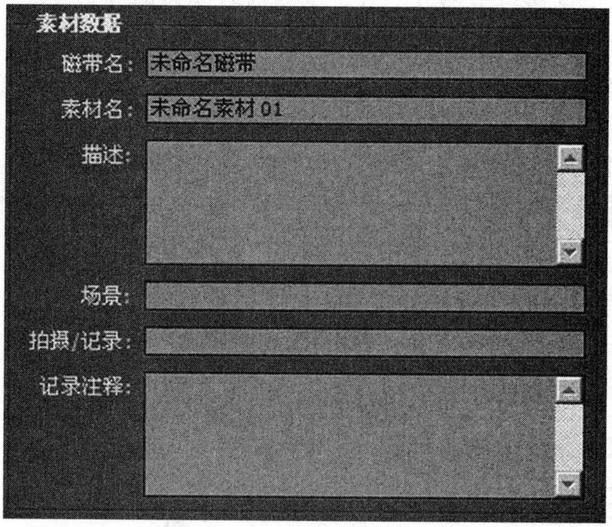

图 5-6

其中"磁带名"是用来标记所用磁带的，当在同一个工程使用多于两盘磁带的时候，就很有必要区分磁带了。"素材名"是用来标记该采集片段的名称，这个名称就是它在项目窗口中显示的名称。"描述"是用来描述该片段的，在大型多人协作工程中，一定要对自己使用的素材做好描述，这样才方便他人读懂。"场景"是用来标记场的信息的。"拍摄/记录"是用来记录第几次拍摄的，这个非常好理解，因为所有的电影、电视不是一次就可以拍成功的。"记录注释"是用来记录该片段的一些内容的，跟描述有点相似。

总的来说素材数据设置区是用来描述片段信息的。剩下的两个设置区都是采集功能区了，一个是时间码设置区，另一个是采集控制区。

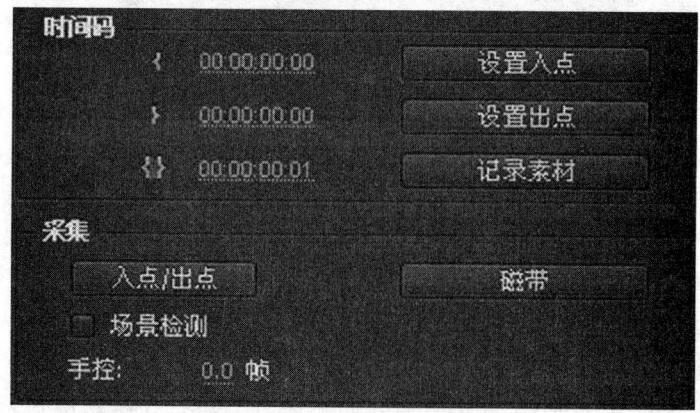

图 5-7

介绍完了记录选项卡后下面就来认识一下设置选项卡。设置选项卡的第一项——采集设置如下图。

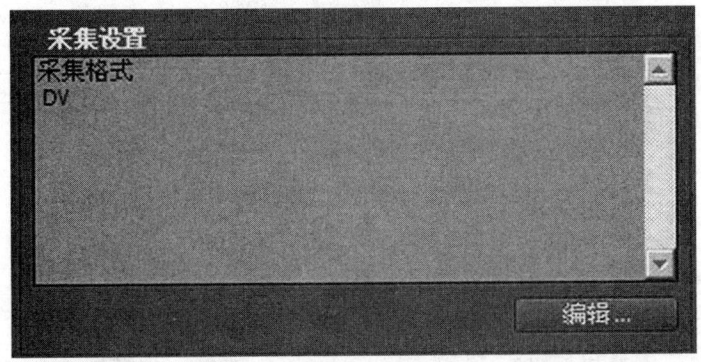

图 5-8

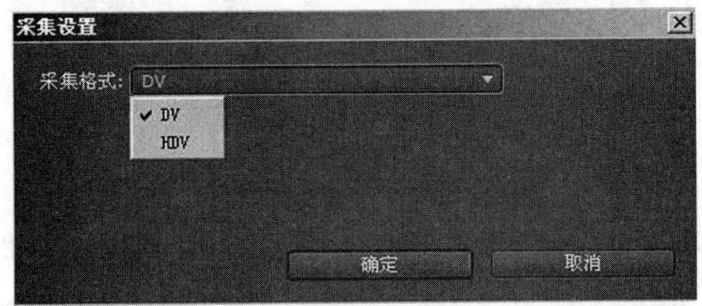

图 5-9

上面介绍的是采集设置中的设置,下面介绍采集位置。

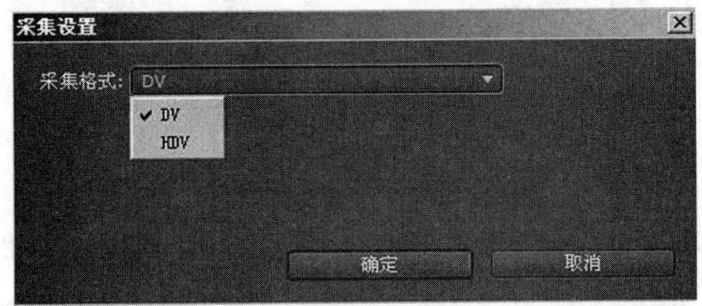

图 5-10

在采集位置设置区中,视频是指将采集到的视频文件保存到什么地方;音频是指将采集到的音频文件保存到什么地方。这里可以点击浏览(Browse)按钮通过图形菜单来选择相应的保存地点。

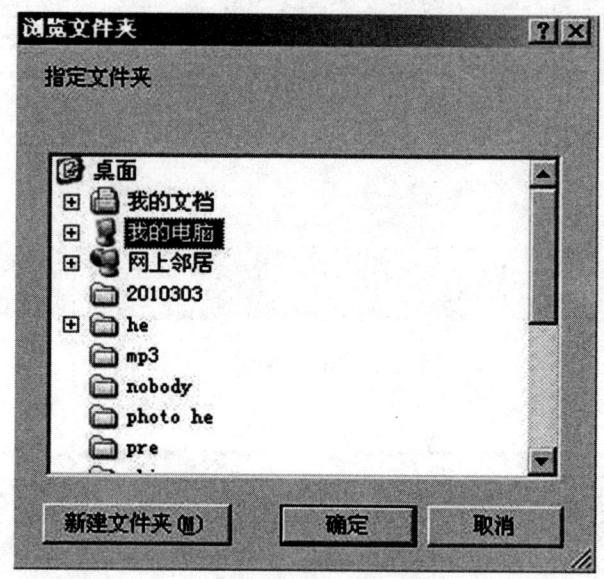

图 5-11

最后的一个设置区是设备控制器设置区。设备控制器设置区主要是用来设置硬件设备在采集时的属性的。

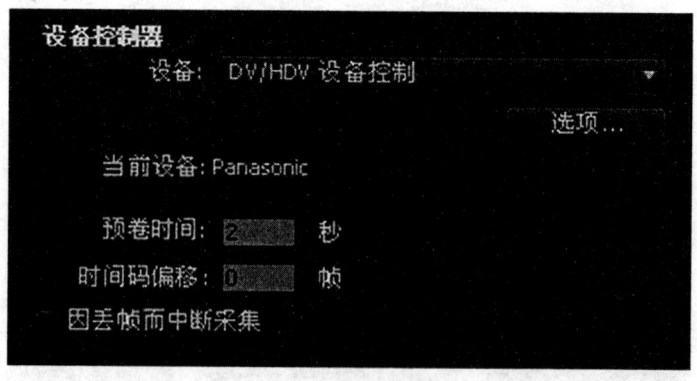

图 5-12

● 控制设备:在控制设备中只有 DV/HDV 设备控制一个选项,它是 Premiere 自带的 DV 控制设备,不用做任何的改动。这里可以点击选项按钮,来设置一下 DV 设备的型号、采集格式和当前状态。

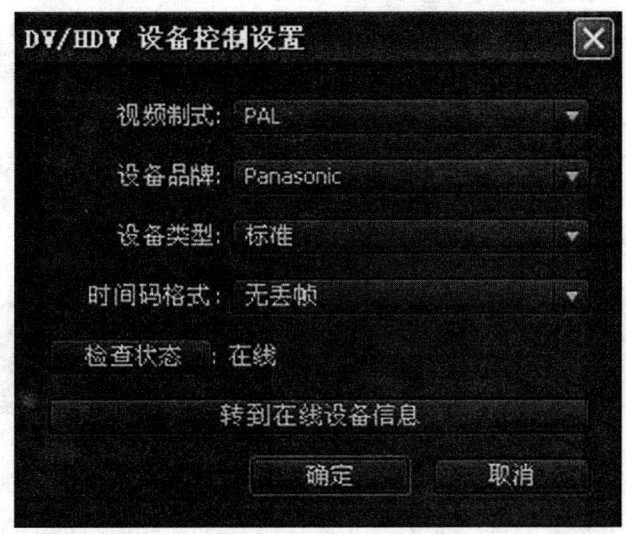

图 5 - 13

视频制式的功能是设置工作制式。设备品牌指的是生产厂家,上图中的厂家是 Panasonic。设备类型是显示当前连接设备型号的。一般都为标准设备。时间码格式是用来标记 DV 记录状态的。检查状态是检测设备是否与软件连接。转到在线设备信息会自动弹出相关的帮助页面。

● 当前设备:用来显示当前连接设备的型号。上图所示连接的设备是松下公司生产的设备。

● 预卷时间:在连接到 DV 后直接连接到连接处的下几秒(具体的时间值是在预卷时间后面的文本框中设置的,单位为秒)画面。在影视工业中,预卷时间的值一般都为 2 秒,即预先 2 秒拍摄画面,以便日后的后期处理。

● 时间码偏移:在连接到 DV 后时间码顺时间偏移的长度。

最后,还有一个因丢帧而中断采集的复选框,它的功能是在采集中如果发生了丢帧现象则自动终止采集。笔者认为该复选框最好不要选取,因为就算发生丢帧了也会在采集状态中显示出来。引起丢帧现象发生的原因是多方面的,由于磁盘空间零碎、硬盘转速低、电脑配置不好,都会引起丢帧现象的发生,尤其是 Windows 操作系统,很容易在磁盘上造成磁盘空间零碎,所以要经常定期地对磁盘进行碎片整理。

通过了解上述内容可以使工作很有效地完成,所以在做任何工作之前都要做好充分的准备工作。下面我们看看 Premiere 是怎么采集素材的。

三、具体采集步骤

1. 手动采集的基本方法

手动采集是在任何情况下都可以使用的最简单的采集方法,对于不支持 Premiere Pro 设备控制的摄像机机型,则只能使用手动采集的方式。

使用菜单命令"文件—采集"或快捷键"F5",调出采集窗口,并确认设备连接正确。

在记录标签下的设置栏中选择采集素材的种类为视频、音频或音频和视频,并在设置标签下的采集位置栏中,对采集素材的保存位置进行设置。

点击摄像机上的播放按钮,播放并预览录像带。当播放到欲采集片段的入点位置之前的几秒钟时,按下控制面板上的录音按钮,开始采集,播放到出点位置后几秒钟的位置,按 Esc,停止采集。

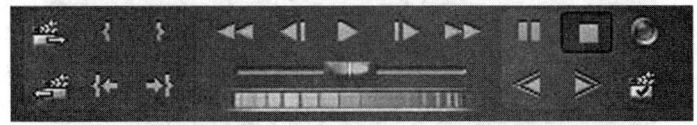

图 5-14

在弹出的保存已采集素材对话框中输入素材名等相关数据,点击"确定",素材文件被采集到硬盘,并出现在项目窗口中。

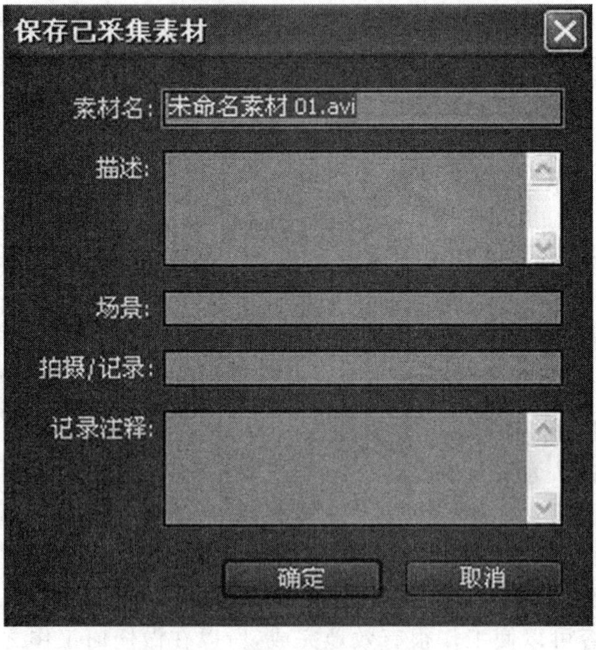

图 5-15

2. 自动采集的基本方法

除了可以使用手动采集的方式采集视频外,还可以利用 Premiere Pro 内置的设备控制功能进行自动采集。控制面板上的各个按钮与摄像机上的控制按钮是一一对应的关系,可以对播放进行控制。自动采集可以采集整卷磁带,或对欲采集片段的入点和出点进行精确定位并加以采集。自动采集的方式还使得一次性采集大量素材片段的批采集方式得以实现。

使用菜单命令"文件—采集"或快捷键"F5",调出采集窗口,并确认设备连接正确。

在设置标签下的设备控制栏中选择设备的种类并点击设备控制器按钮,在弹出的选项对话框中进行进一步设置,确定摄像机的品牌和具体型号。

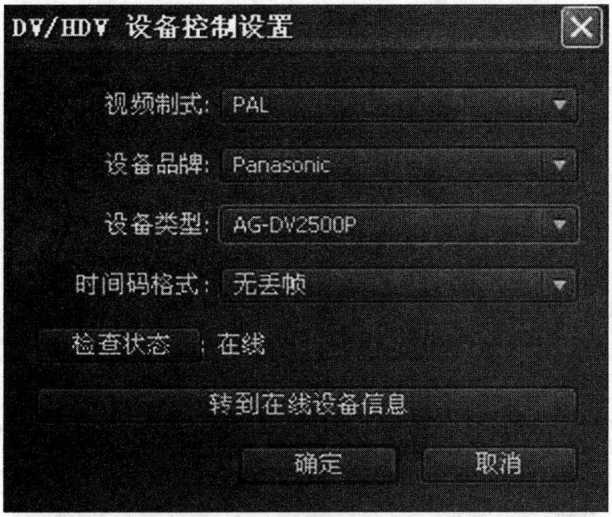

图 5－16

使用控制面板上的按钮移动到欲采集片段的第一帧,点击控制面板上的设置入点按钮或记录标签下时间编码栏中设置入点按钮,将其设置为入点;继续移动到欲采集片段的最后一帧,点击设置出点按钮,将其设置为出点,完成对欲采集片段的记录。

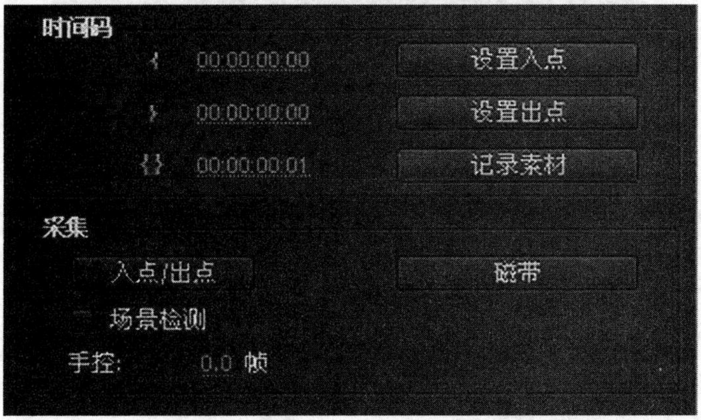

图 5－17

点击采集栏中的入点/出点按钮,自动对记录的入点到出点之间的素材片段进行采集。如果欲对整卷磁带进行采集,则需要先将磁带倒回开始位置,然后点击采集栏中的磁带按钮,则可以对整卷磁带中的素材片段进行采集。

第二节 录 音

在 Premiere Pro 中,可以直接通过麦克风,将配音录入计算机,并转换为可以编辑的数字音频素材,从而完成新闻和影片的配音工作。

操作过程:

● 将麦克风与计算机的粉红色的麦克风口连接,打开麦克风。

● 使用窗口菜单,点击其中的调音台选项,或者直接点击素材监视器旁的调音台,打开调音台。

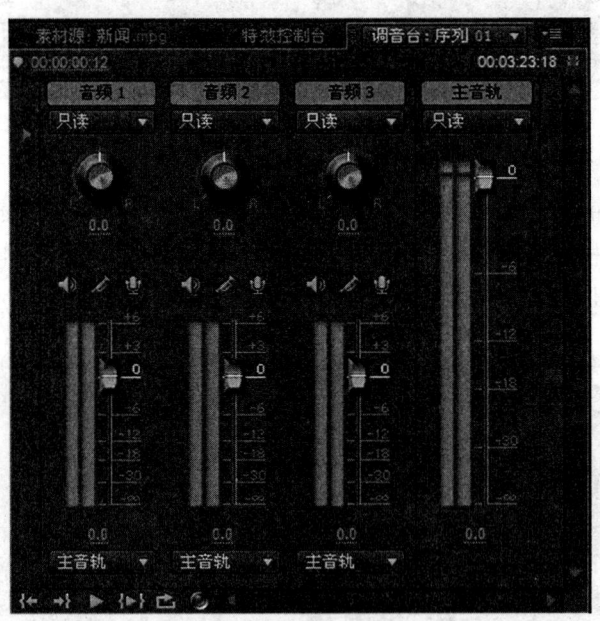

图 5-18

● 选择要录音的音频轨道中的 ▓ 激活录音轨键。

● 按下调音台窗口下方的 ▓ 录制键,并按下 ▶ 播放键。

● 录制完毕，按下 ■ 停止键，此时，录制的音频会以 WAV 文件，出现在项目窗口中，并出现在时间线窗口中预先选择的音频轨上，这样就完成了配音工作。

第三节　导入素材

一、素材的基本概念与格式

素材是指用于制作的原材料。在影视制作方面，它是为影视制作所用的一切图像（包括动态的和静止的，如拍摄影像素材、动画素材、平面素材等）及声音（包括语言、音乐、音效等）。素材的狭义解释就是用摄像机拍摄的用于制作影视的影像和声音。

虽然素材无所不及，只要是视觉的或是听觉的都可以，但运用到软件中一般都以一定的格式存在。不同的软件所支持的格式是不同的，如果软件不是很先进的话，其所支持的格式一般比较少，故在其素材的选择性方面就会受到很大的局限。Premiere Pro 是经过升级的非线性编辑系统软件，相对来说，其兼容性很好，其所支持的素材格式也比较多。如果是第三方素材，前提是必须安装第三方的软件。

● 视频格式：Microsoft AVI 和 DV AVI、Animated GIF、MOV、MPEG-1 和 MPEG-2（MPEG/MPE/MPG/M2V）、M2T、Sony VDU 文件 Format Importer（DLX）、Netshow（ASF）和 WMV。

● 音频格式：AIFF、AVI、Audio Waveform（WAV）、MP3、MPEG/MPG、QuickTime Audio（MOV）和 Windows Media Audio（WMA）。

● 静止图片和图片序列格式：Adobe Illustrator（AI）、Adobe Photoshop（PSD）、Adobe Premiere 6.0 Title（PTL）、Adobe Title Designer（PRTL）、BMP/DIB/RLE、EPS、Fistrip（F）、GIF、ICO、JPEG/JPE/JPG/JFIF、PCX、PICT/PIC/PCT、PNG、TGA/ICB/VST/VDA、TIFF。

● 视频项目格式：Adobe Premiere 6.x Library（PLB）、Adobe Premiere 6.x 项目（PPJ）、Adobe Premiere 6.x Storyboard（PSQ）、Adobe Premiere Pro（PRPROJ）、Advanced Authoring Format（AAF）、After Effects 项目（AEP）、Batch lists（CSV/PBL/TXT/TAB）、Edit Decision List（EDL）。

二、文件的导入

1. 导入单独文件

Premiere Pro 除了通过采集和录制的方式获取素材,也可以直接将素材硬盘和外置存储设备上的素材文件导入项目窗口,调入时间线窗口进行编辑。对于外部存储设备中的素材最好先复制到本地硬盘。

双击项目窗口空白处或者选择文件菜单的导入项,出现导入对话框。

图 5-19

在对话框中,选择相应的路径下的文件,然后点击"打开" 按键,即可导入需要的单独的音视频素材。

如果需要导入多个文件可以在按住"Ctrl"键的同时,用鼠标左键单击选中需要的各个素材,然后再点击"打开" 按键。

如果需要导入连续多个文件可以在选择第一个文件后,按住"Shift"键的同时,用鼠标左键单击最后一个素材文件,然后再点击"打开" 按键。

2. 导入文件夹

如果用户事先将需要编辑的多个文件存储在同一文件夹下,用户可以通过导入文件夹按键,将这一文件夹导入到项目窗口中,具体方法如下:

双击项目窗口空白处或者选择文件菜单的导入项,出现导入对话框。

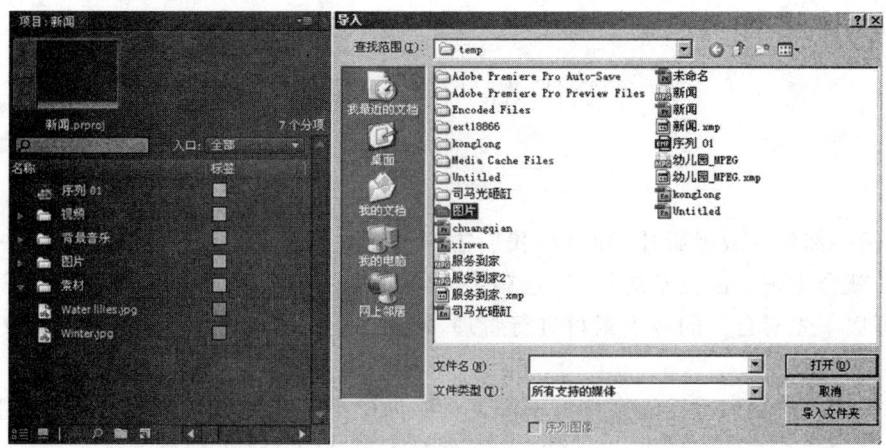

图 5-20

在对话框中,选择相应的路径下的文件夹,然后点击"导入文件夹" 导入文件夹 按键,即可导入需要的文件夹以及该文件夹内的所有文件。

3. 使用媒体浏览器导入

在 Premiere Pro CS4 中,为了便于用户查找、分类和浏览相应的素材文件,开始设立了媒体浏览器窗口。

点击窗口菜单中的媒体浏览项或者在右下角直接点击媒体浏览,即可打开媒体浏览窗口。

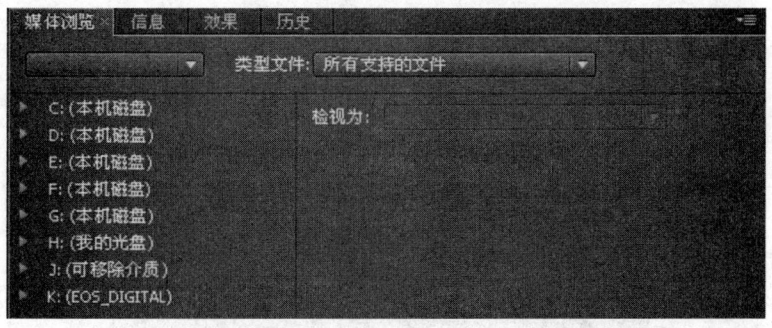

图 5-21

窗口左侧可以设置好素材文件夹的路径,在"类型文件"下拉菜单中选择需要的文件类型,在"检视为"下拉菜单中选择一种显示模式。

第四节　管理素材

在编辑一部新闻或者影片的时候,我们需要使用大量的素材,当把这些素材一起导入项目面板后,就会出现杂乱无章的情况,这就要求我们事先对一些素材进行编辑和管理。在平时,我们可以事先对自己的各类素材进行管理,使用专门的素材分区,建立不同的文件夹对素材进行分类管理。

在编辑内容时我们也许需要选择不同文件夹内的不同文件进行编辑,这样我们就需要在项目窗口中建立不同的文件夹。将不同的文件导入不同的文件夹即可。

一、创建文件夹

在项目窗口中有三种的方法可创建文件夹。

● 单击项目窗口下方工具栏上文件夹图标 ▭。

图 5-22

● 在窗口菜单中选择新建文件夹命令。

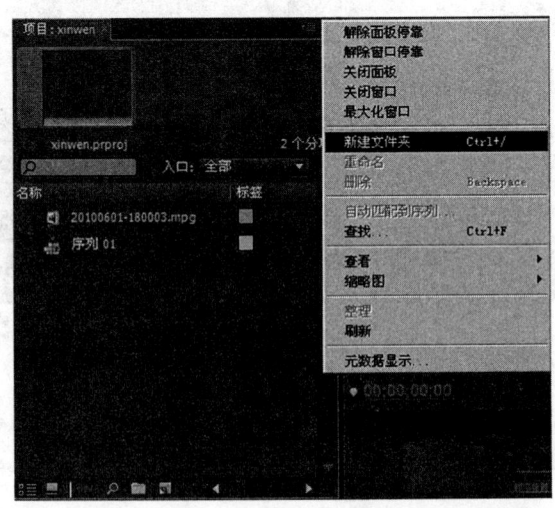

图 5-23

● 在素材列表的空白处,点击鼠标右键,选择出现菜单中的新建文件夹命令。

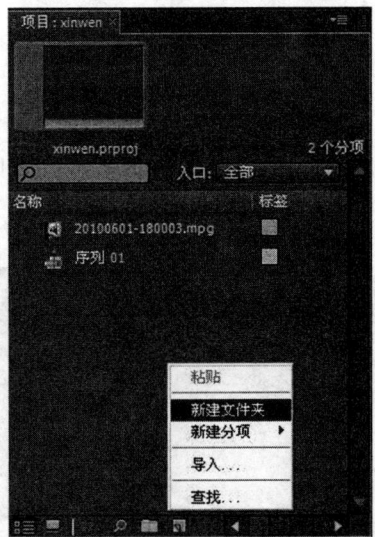

图 5-24

通过以上三种方法即可在项目窗口中新建"文件夹 01、文件夹 02……"。并可根据用户需要对新建的文件夹重新命名。

二、建立子文件夹

打开刚才新建的文件夹,会重现一个全新的文件夹窗口,新建子文件夹有三种方法,基本与上面的新建文件夹相同。

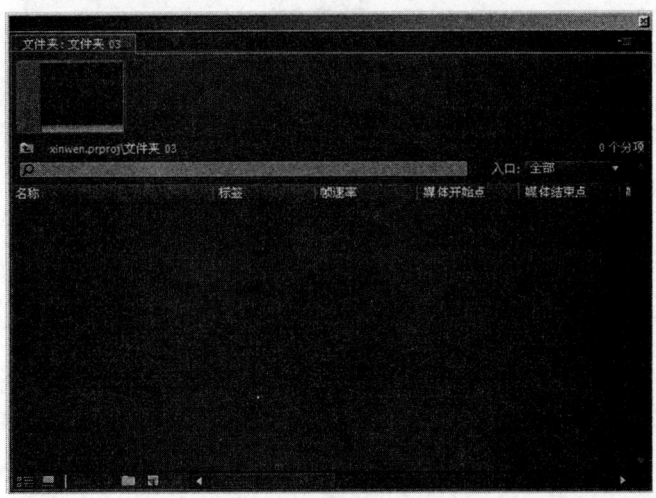

图 5-25

- 单击项目窗口下方工具栏上文件夹图标 ￼。
- 在窗口菜单中选择新建文件夹命令。
- 在素材列表的空白处,点击鼠标右键,选择出现菜单中的新建文件夹命令。

三、分类添加素材

在根据用户需求在项目窗口中新建了各类文件夹后,我们可以通过下面方法将需要的素材文件导入不同的文件夹内。

图 5-26

- 项目窗口中的原有文件可以采取在选定文件上点击鼠标左键不放,将文件拖入目标文件夹内。
- 在目标文件夹上点击鼠标右键,在弹出菜单中选择导入命令。

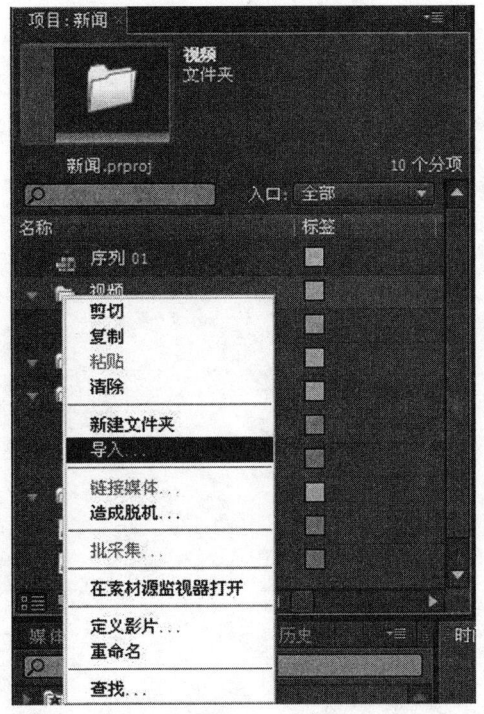

图 5 - 27

● 在目标文件夹上双击鼠标左键,在新建的文件夹窗口空白处,单击鼠标右键,在弹出的菜单中选择导入命令。

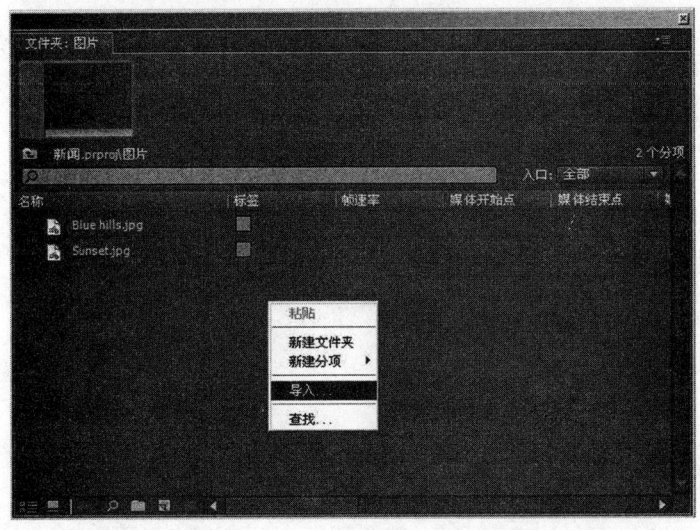

图 5 - 28

思考题

1. 为何要进行视频采集？
2. 简述 Premiere Pro CS4 手动采集的步骤。
3. Premiere Pro CS4 主要支持的视、音频格式有哪些？
4. 简述 DV 素材的采集过程。
5. 怎样在项目窗口中管理素材？

第六章　视频编辑与特技

第一节　窗口介绍

一、监视器窗口

1. 监视器介绍

在 Premiere 软件中,使用监视器可以直观地观察到素材,预览编辑后的效果,通常以两个并列的窗口出现,如图所示：

图 6-1

默认状态下,监视器包含两个窗口,左边的是素材监视器,显示没有经过编辑的元素材,右边的是编辑预览窗口,显示经过编辑后的预览画面。

2. 监视器面板

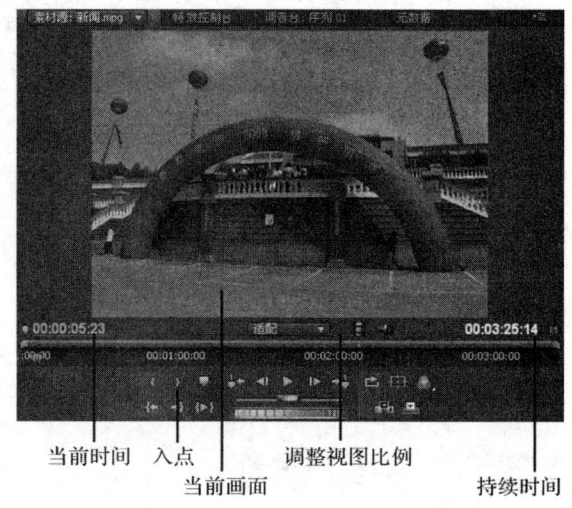

图 6-2

在监视器面板中,有时间标尺、当前时间显示、持续时间、安全框等设置,可以根据不同的需要进行设置和更改。

二、时间线窗口

1. 时间线窗口介绍

时间线编辑方式,是非线性编辑的主要表现形式。所有的编辑和变换,都在时间线上予以体现,因此是视频编辑中,最重要、最常用的编辑界面。它以图形化显示各种素材和转场效果,显得非常直观。

2. 时间线面板及控制

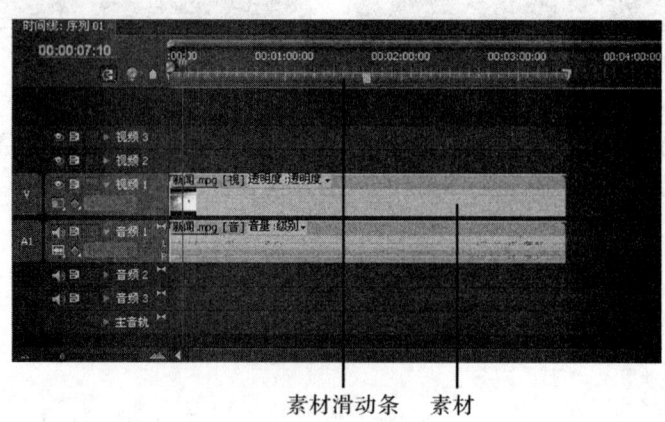

图 6-3

在时间线上,有视频和音频轨道,轨道数量可以自己增加,同时可以单击轨道上的三角形标记来展开或者收起轨道。

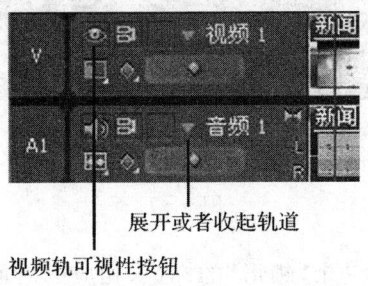

图 6-4

在时间线的下方有设置显示样式的按钮,可以选择视频在时间线上的显示方式。

图 6-5

在轨道的前端,还有一些按钮。

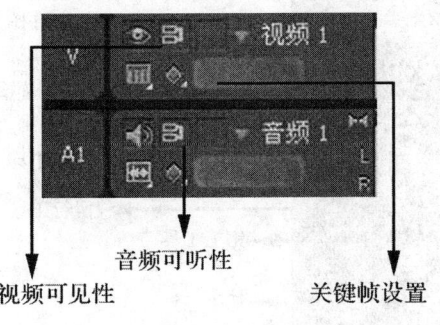

图 6-6

可见性按钮可以设置视频或者音频是否在最后生成的影片中出现,关键帧则可以用于设置一些特技的运用时间。

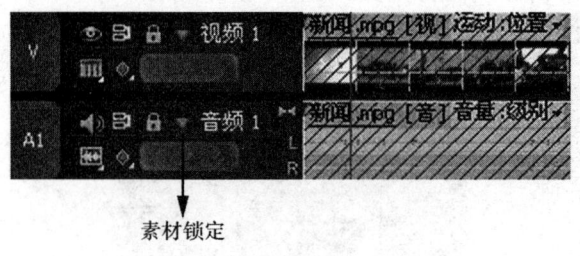

图 6-7

当点击空白方框时,会出现一个"锁形"的标记,相应的后面的素材轨道会出现斜画线,表示该素材被锁定,不可以进行编辑。这项功能非常有用,可以在编辑时防止已经编好的素材被改变。

第二节 常用编辑工具面板

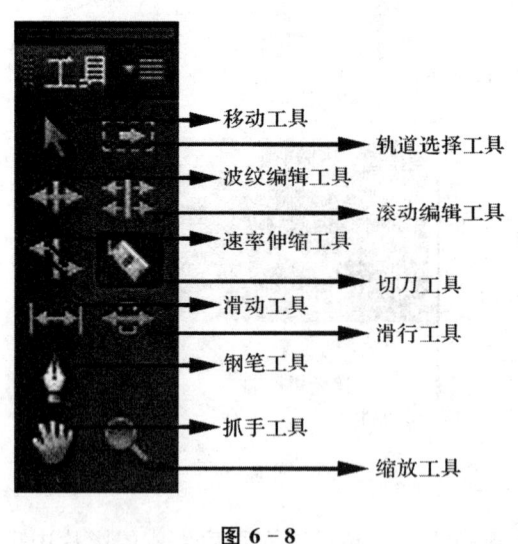

图 6-8

常规工具用法:

1. 移动工具

最最常用的工具,常规功能是移动素材以及控制素材的长度。

配合 Ctrl:移动工具可以强行插入素材,如果想在已经剪辑好的片段中插入素材,通常的做法是切刀切出位置然后插入。用该键可以直接拖拽素材,移动到切入点,松开后素材就能方便插入了。

配合 Shift:这个很常用,选择多个目标,可以不连续选择或取消。

配合 Alt:可以忽略已经编组、链接。对于已经编组或链接的素材,如果要进行细微的调整,可以在不取消编组或链接的情况下移动素材,非常方便。

2. 轨道选择工具

常规功能:选择目标右侧同轨道的素材。

配合 Shift:选择目标右侧所有轨道的素材。

3. 波纹编辑工具

在已剪辑好的时间线上改变某个素材的长度,这个如果要用移动工具实现的话就得先腾出位置来,比较麻烦,用这个工具改变素材长度后,旁边的素材会自动移动以适应。

4. 滚动编辑工具

控制相邻的两个素材的长度,但它们的总长度不变,适合精细调整剪切点。

5. 速率伸缩工具

这个工具可以任意改变素材的播放速率,直观地显示在素材长度的改变上,在需要用素材填满不等长的空隙时如果调节速率百分比是非常困难的,运用这个工具就变得方便,直接拖拽改变长度就行了,然后素材的速率就相应地改变。

6. 切刀工具

最常用的工具,用于切断素材,非常形象直观。

配合 Shift:可以作用在时间线上的所有素材。

配合 Alt:可以忽略链接而单独裁剪视频或音频,在需要替换部分视频或音频时可以免去解开链接的步骤。

7. 滑动工具

改变三个素材中间一个素材的出点入点,不改变其在轨道中的位置和长度,非常实用的功能,相当于重新定义出点入点。

8. 滑行工具(幻灯片工具)

与滑动工具类似,不过这个工具改变的是目标前后素材的长度,目标及三个素材的总长度不变。

9. 钢笔工具

相当强大的工具,在调整物体运动路径方面很神奇,可以让物体沿任意路径运动。

在字幕编辑器里可以制作遮罩和字幕沿路径分布,具体用法同 Photoshop 中一样,可以画出非常完美的贝塞尔曲线。

10. 抓手工具

移动时间线,可以使素材向左向右任意移动。

11. ![] 缩放工具

可以放大素材显示的比例,按住 Alt 键则可以缩小比例。

也可以使用"＋、－"键来放大缩小。

下面,我们来具体使用这些工具:

在视频编辑面板中,将素材从素材窗口拖拽至轨道上,即可以使用移动工具 ![] 来实现。一般视频的图像轨和声音轨有相互对应的吸附效果,但是按住 Alt 键来选择,则可以单独选中一段视频的图像轨或者声音轨。

按住 Shift 键则可以同时选择多个素材。

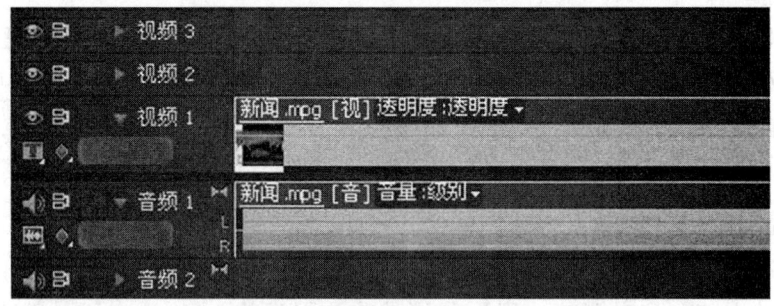

图 6－9

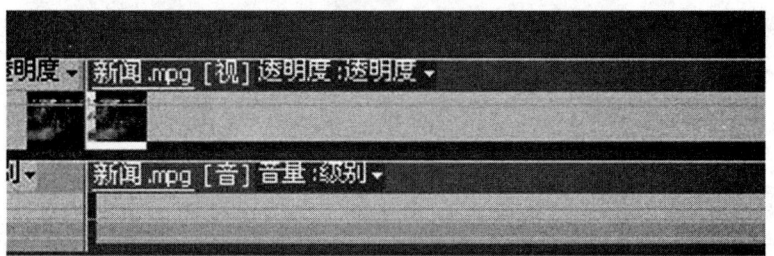

图 6－10

使用轨道选择工具 ![] ,可以选中后面所有的素材。选中部分素材的相互对应位置关系不变,因此不会影响后面的素材编辑。

第三节 轨道的控制与装配序列

通过使用移动工具把素材拖拽到轨道上以后,我们就可以开始轨道的编辑控制工作了。

首先,把所有的素材按照自己的意愿,由左到右,由上到下地排布在素材轨道上,如图6-11所示。

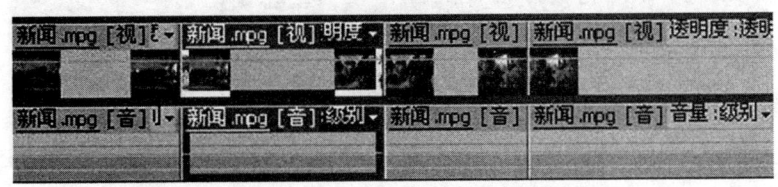

图 6-11

其中要用到一个非常重要的切刀工具 ![] 。

切刀工具的作用就像一个刀片,将完整的素材按照自己的意愿,切成不同的部分,方便下面的编辑中对素材进行重新组合。可以看到,使用切刀后,素材被切成了许多不同的部分,相互独立,可以随意移动和拼合。当鼠标指针移到素材的两端的边界时,鼠标指针会变成红色的[和],左右移动可以改变素材的出点和入点。

如果想要对素材的播放速度和素材的持续时间进行更改,可以使用速度伸展工具 ![] ,在素材的两端进行拖拽,就可以进行改变素材的播放速度。也可以使用"Ctrl+R",调出调整界面进行细微设置。

波纹编辑工具 ![] 和滚动编辑工具 ![] ,其作用是对相邻的素材的入点和出点进行调整,两者之间有所区别。

波纹编辑工具在更改当前素材的入点和出点的同时,会根据素材收缩或扩张的时间,将其他的素材向前或者向后推移,其节目的总长度也在发生变化。

滚动编辑工具在更改当前素材的入点和出点的同时,其他素材的长度会发生相应的变化,其节目的总长度不会发生变化。

对相邻3个素材片断,可以使用滑动工具 ![] 和滑行工具 ![] 进行编辑。在使用时,监视器窗口会

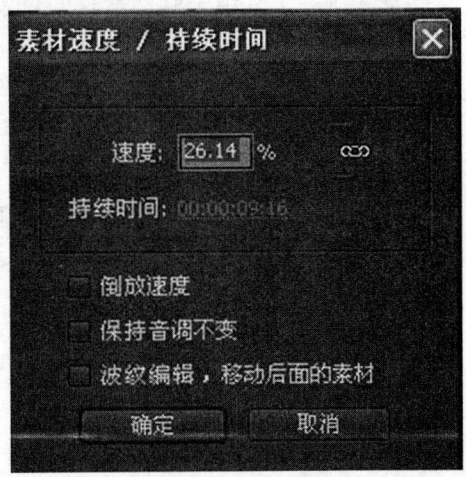

图 6-12

显示中间素材的出点和入点画面,以及前一个素材的出点,后一个素材的入点,便于使用者进行观察和编辑。

图 6-13

滑动工具和滑行工具虽然有些类似,但是有所区别,滑动工具对素材片段的入点和出点同步进行移动,但是不会影响相邻的素材片段,因此节目总长度不变。

滑行工具是通过同步移动前一个素材的出点和后一个素材的入点,在不改变当前选取的素材片段的入点和出点的情况下,进行相应的移动,节目总长度也不变化。

滑动工具和滑行工具相同之处是在编辑时都不会改变节目的总长度。

区别在于,滑动工具改变的是当前素材片段的入点和出点,而滑行工具改变的是前一个素材的出点和后一个素材的入点。大家可以在实际操作中感觉一下两者的区别。

　　钢笔工具可以用来画出路径或者添加蒙板,配合 Ctrl 键也可以用于设置关键帧。

　　抓手工具用于移动素材的位置。

　　缩放工具可以放大素材显示的比例,按住 Alt 键则可以缩小比例。

第四节　运用转场等常用技巧编辑素材

在界面的左下角有特效窗口。

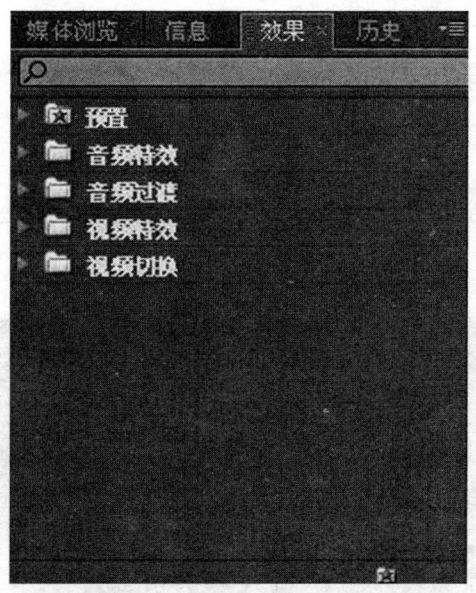

图 6-14

Premiere 包括视频切换和视频特效两个大类的视频效果,视频切换主要是运用于两段素材的融合,视频特效主要运用于转场,如图 6-15 所示。

图 6-15

一、视频切换类特技

由图 6-15 可以看到,各个类别都采用"目录树"管理方式,常用的有:划像特技、3D 运动等各种特技。

1. 划像特技

划像特技是用来实现两段视频之间的划像转场,划像特技种类是固定的,可对其设置参数。默认情况下,Premiere 提供了一些常用的划像方式,具体的参数可以在视频轨上调整。

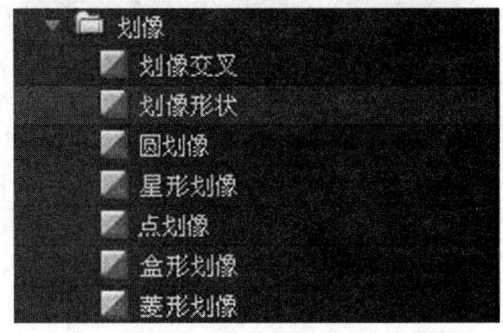

图 6-16

举例:使用划像交叉特技。

两段素材之间的转换过程,一个素材片段被另一个素材片段通过交叉划像的方式代替。

用法:首先找到视频 1 轨中需要做特技的点,用切刀工具将视频轨切开,并将后一段视频从视频 1 轨拖动到视频 2 轨,使两段视频产生叠放;然后将左侧的划像交叉特技拖动到视频 2 轨上叠放的部分,如图 6-17 的效果。

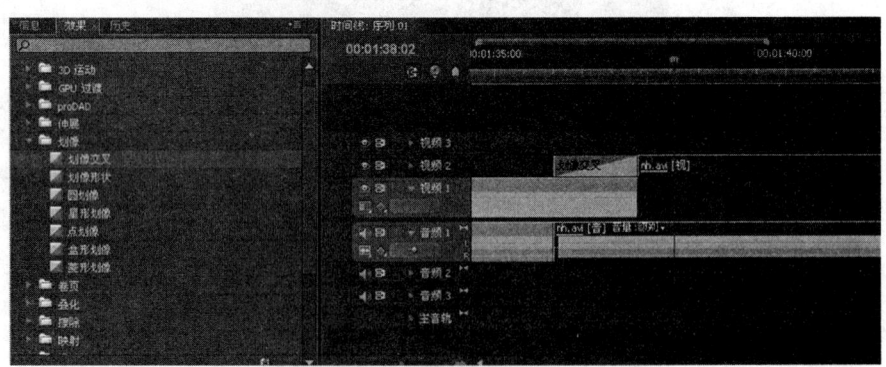

图 6-17

点击视频2轨,出现特技的调整画面,如图6-18所示,通过该面板的参数修改,可以改变该特技的效果。设置完毕,可以用空格键观看特技的效果。

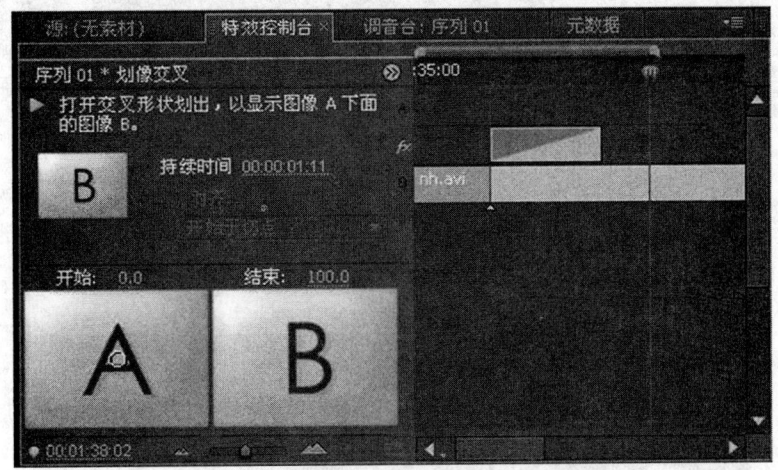

图6-18

需要清除该特技的话,可以在特技部分单击鼠标右键,出现"清除"字样,点击"清除"即可清除该特技。

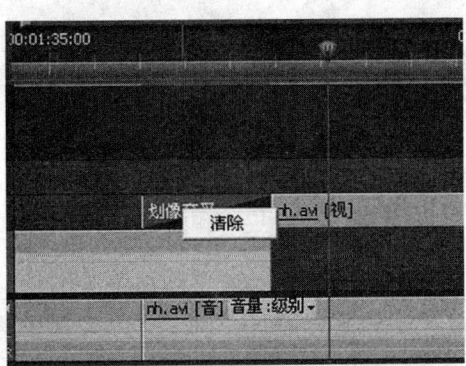

图6-19

2. 3D运动

两段素材之间的转换过程,一个素材片段被另一个素材片段通过3D运动的方式代替。Premiere主要提供了向上折叠、窗帘、摆入、摆出等特技。

举例:使用向上折叠特技。

用法:首先找到视频1轨中需要做特技的点,用切刀工具将视频轨切开,并将后一段视频从视频1轨拖动到视频2轨,使两段视频产生叠放;然后将左侧向上折叠特技拖动到视频2轨上叠放的部分,如图6-20的效果。

图 6-20

点击视频 2 轨,出现特技的调整画面,如图 6-21 所示,通过该面板的参数修改,可以改变该特技的效果。设置完毕,可以用空格键观看特技的效果。

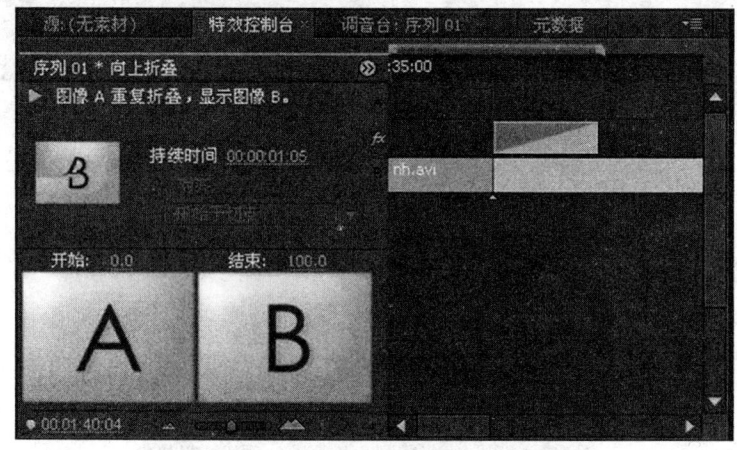

图 6-21

需要清除该特技的话,可以在特技部分单击鼠标右键,出现"清除"字样,点击"清除"即可清除该特技。

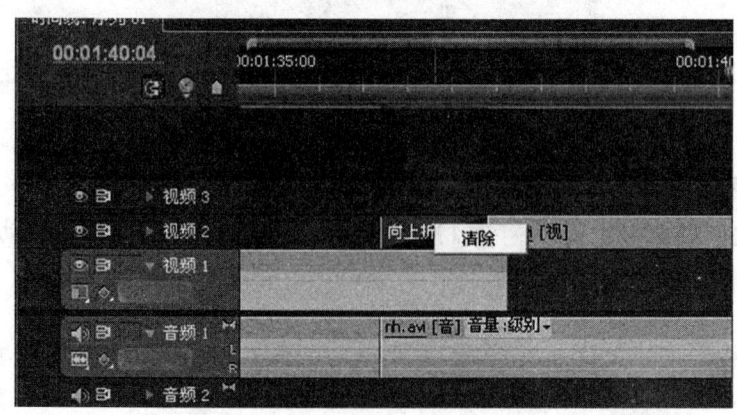

图 6-22

二、视频特效类特技

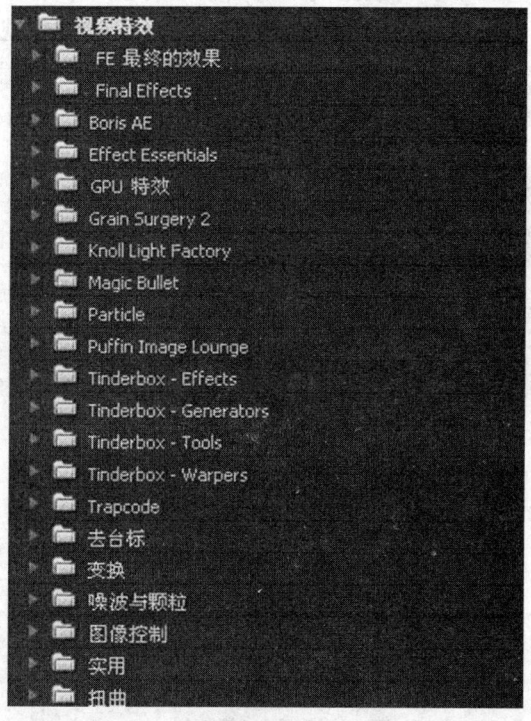

图 6-23

由图 6-23 可以看到,各个类别都也采用"目录树"管理方式,常用的有:**图像控制**、**模糊与锐化**、**扭曲**等各种特技。需要指出的是,Premiere 软件的一大特点就是有很多的第三方插件可以使用,很多时候,默认的配置中的特技仅仅提供一些基本的功能,而第三方插件可以提供更多丰富的运用方式和效果。因此,可以根据自己的需要,选装各种插件。

图像控制特技

主要是用来调整校正图像的颜色等。

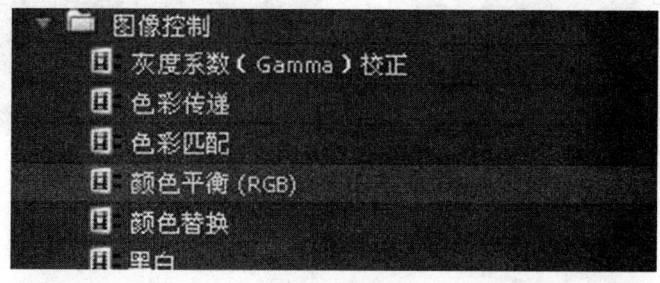

图 6-24

举例:使用颜色平衡特技。

通过颜色的平衡的调整,使画面的色彩发生改变,从而产生新的效果。

用法:直接将左边的色彩平衡特效拖拽到需要使用特技的视频轨道上即可。需要注意的是,与前面的切换特技使用上不同,视频特效特技针对的是整段的视频轨,也就是说,该段视频轨的长度就是该特技的使用长度,而且不需要与其他视频轨发生叠放。因此,大家在使用的时候,可以灵活使用切刀工具来安排特技长度。如图6-25的效果。

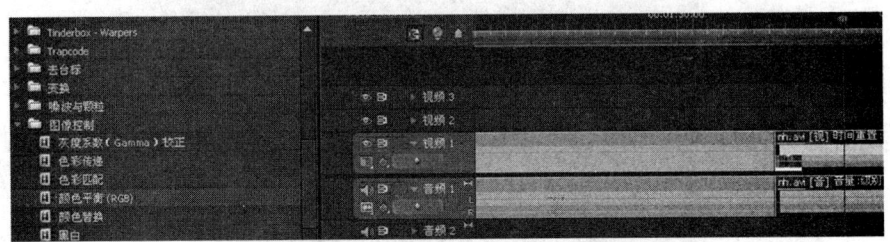

图6-25

点击需要使用特技的视频,出现特技的调整画面,如图6-26所示,通过该面板的参数修改,可以改变该特技的效果。设置完毕,可以用空格键观看特技的效果。

图6-26

需要清除该特技的话,可以在特技部分单击鼠标右键,出现"清除"字样,点击"清除"即可清除该特技。

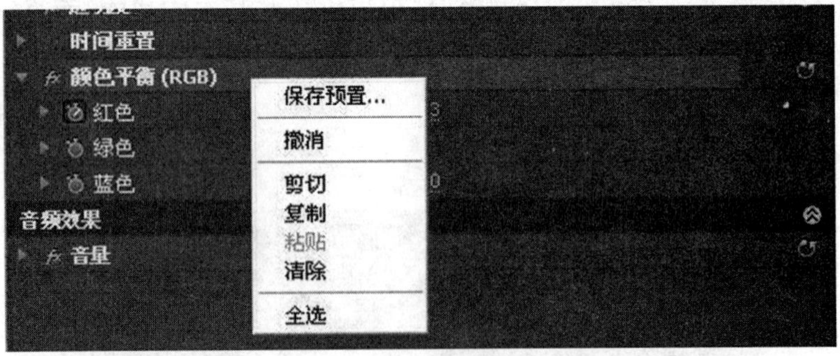

图6-27

三、高级编辑技巧

除了一般的编辑操作以外,还可以使用一下高级编辑技巧,可以大大丰富我们的创作手段和提高剪辑能力。

1. 使用标记

标记的作用是指示时间点,定位素材的位置,也可以定位序列中的动作和声音。标记的作用是参考,对素材本身没有改变。

图 6 - 28

如图 6 - 28 所示,在源监视器中查看素材,在自己认为合适的位置上,点击设置标记按钮。也可以在菜单中调用该命令,如图 6 - 29。

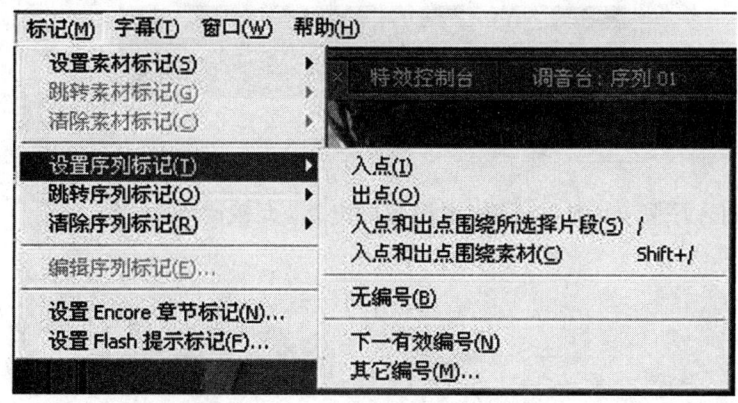

图 6 - 29

2. 序列嵌套

一个项目中可以使用多个序列,共用一个时间轴。

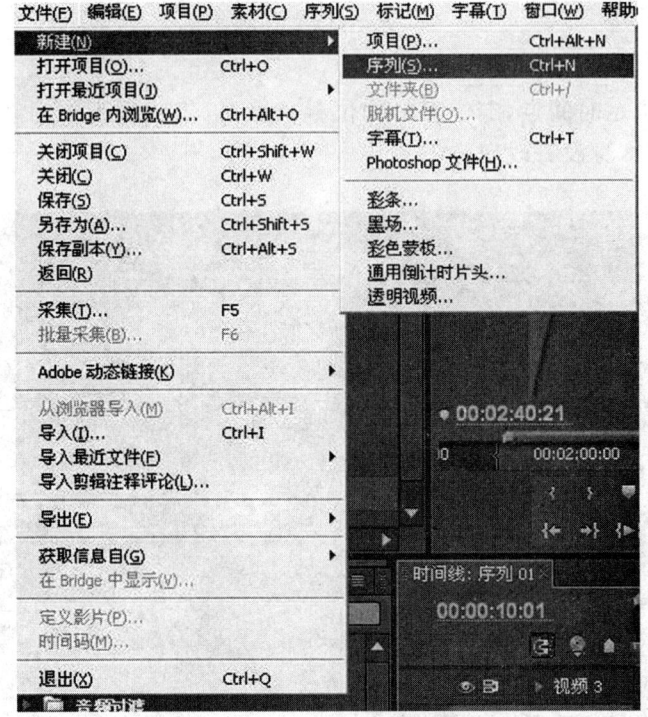

图 6-30

可以在菜单中找到"新建—序列"的命令,也可以按 Ctrl+N 组合键来实现。在新建的序列中,对素材的编辑和改变不会影响其他的序列,编辑好以后,在素材窗口可以找到新的序列。

图 6-31

将序列 02 调入序列 01 中,可以使用拖拽的办法,直接插入。

图 6-32

由图 6-32 可以看出，序列 02 作为一个素材被导入了序列 01 之中。这个方法非常有用，尤其是有重复性片段的时候，可以方便地调用。这种使用方法就叫做序列嵌套。可以无限次地重复嵌套。

第五节　影片预览

除了在监视器的预览窗口查看以外，也可以外接显示器来观看，但是要求显卡有相应的接口。另外也可以外接录像机或者摄像机进行回录。在素材预览窗口的右上角有回放属性设置。

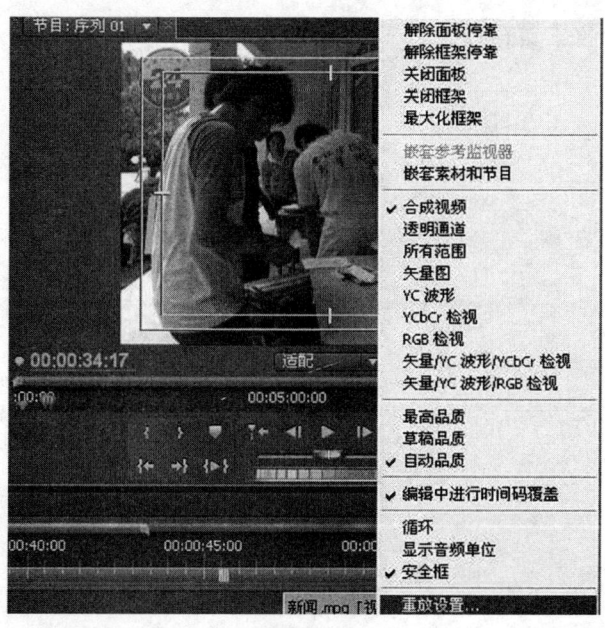

图 6-33

— 119 —

单击后,出现以下窗口。

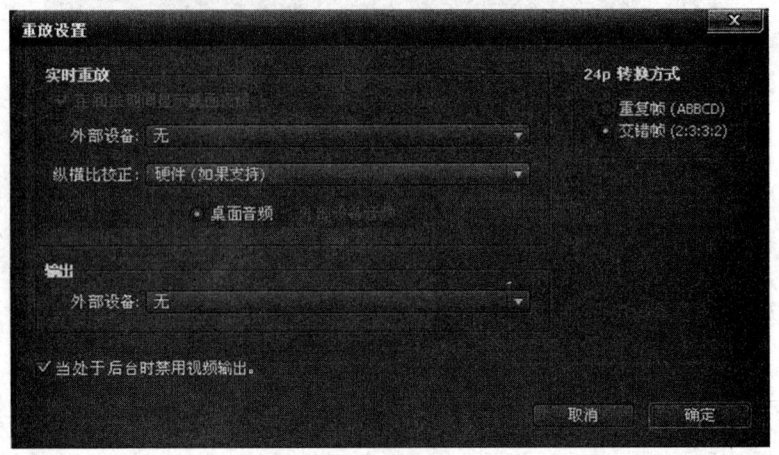

图 6-34

如图 6-34,这里有各种回放的具体设置,可以根据自己的需要修改。在设置完所有的参数后,就可以对其进行预览。

思考题

1. "时间线"面板上由哪些部分组成?各自的作用是什么?
2. 编辑素材的方法有几种?各有什么特点?
3. 什么是切换特技?主要作用是什么?
4. 常用的切换特技有哪些?
5. 如何用特效来校正颜色?

第七章 字幕制作与节目输出

第一节 创建字幕工程文件

字幕文件是影片的重要组成部分,无论开篇或者结尾,都需要有字幕,片中也会有很多地方用到字幕。它对整个影片起到了很好的解说作用。

字幕是影视中一种重要的视觉元素。使用字幕不仅可以为影片增色,还有助于观众对影片的理解。Premiere 提供了非常强大的字幕功能。Title Designer 是 Premiere 的字幕制作工具,包含了字母工具、字幕模板、字幕属性、字幕样式等功能。

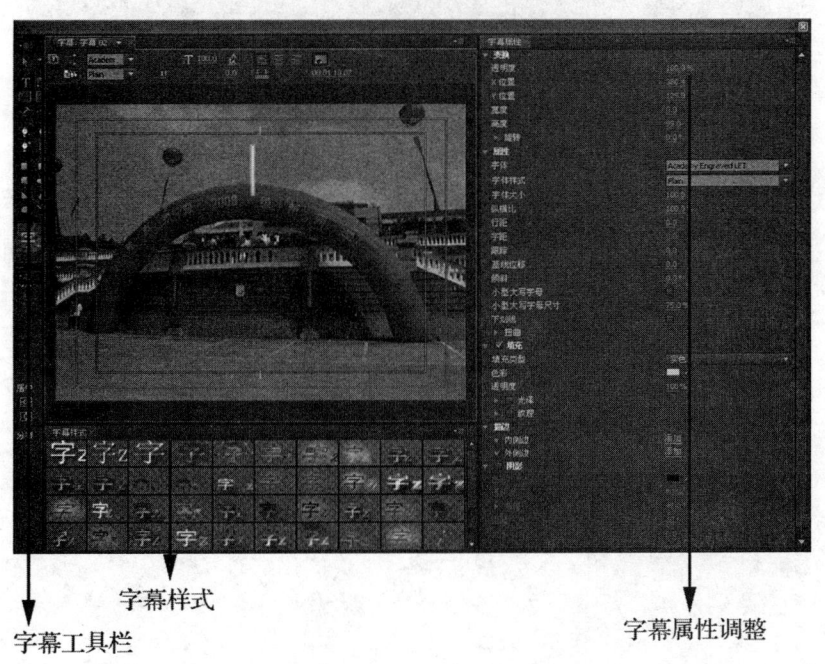

图 7-1

下面我们来实际创建一个字幕的工程文件:首先,点击【文件】—【新建】,可以看到以下菜单。

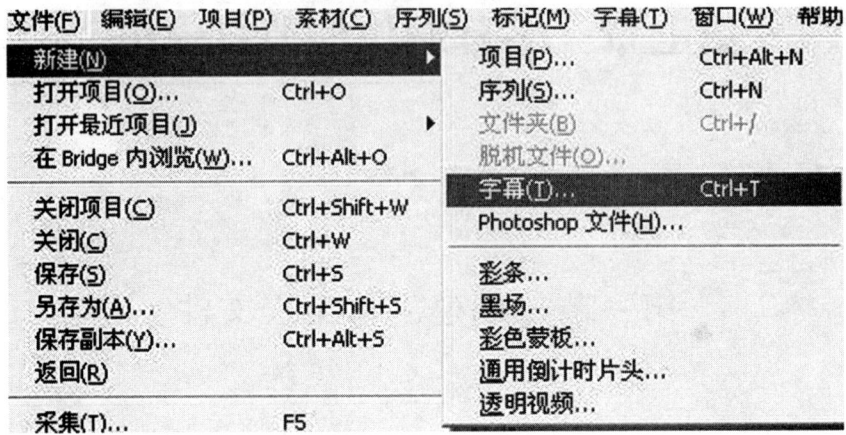

图7-2

点击"字幕"后,可以看到一个设置窗口。

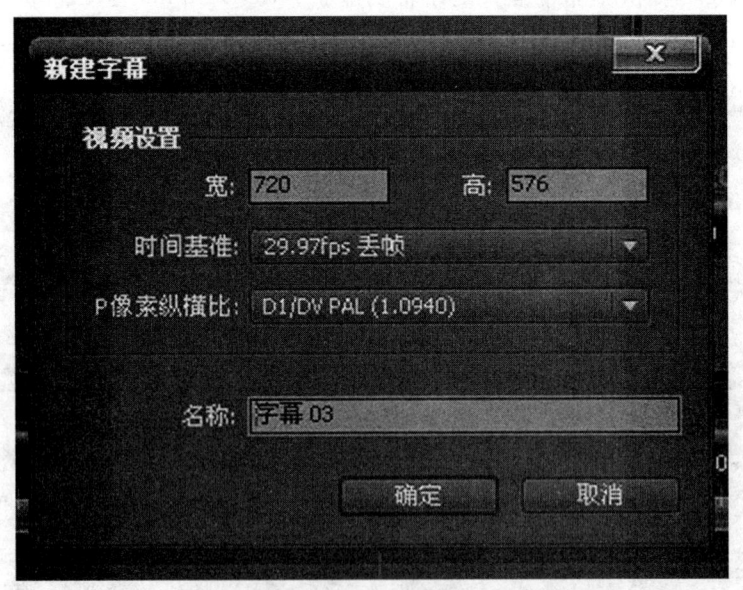

图7-3

点击确定，出现下面画面。

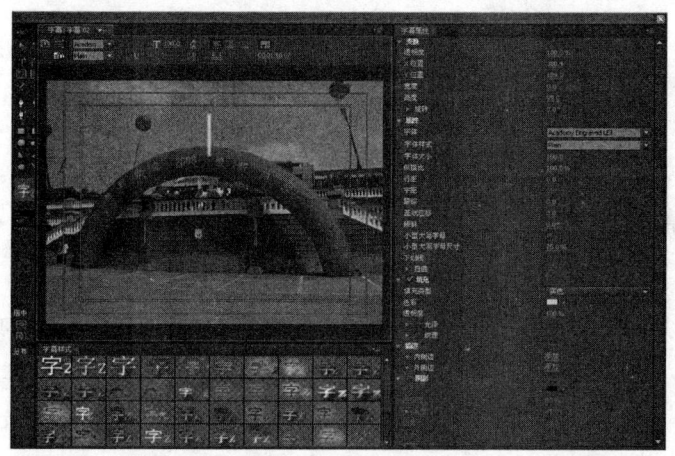

图 7-4

这时，如果直接关闭窗口，可以看见，在素材窗口中多了一个项目：如图 7-5 所示的"字幕 03"。也就是说，在 Premiere 中，字幕文件也被系统认作是一个视频片断，可以任意地拖动。

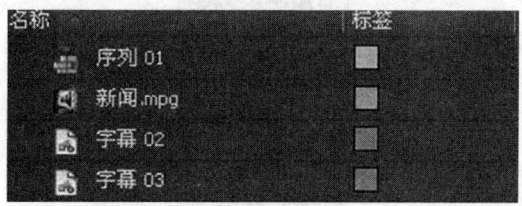

图 7-5

双击这个"字幕 03"文件，可以打开刚才的界面对字幕的具体属性进行设置。（如图 7-6）

图 7-6

第二节 字幕的编辑

一、编辑字幕的基本方法

在这个窗口的左边,可以看到各种字幕工具。

分别是选择工具、旋转工具、水平文字工具、垂直文字工具以及钢笔工具,矩形工具,圆形工具等。

单击文字工具 T,即可开始制作字幕文件。在画面的合适位置单击,即可出现文字输入框,在输入框中输入文字。

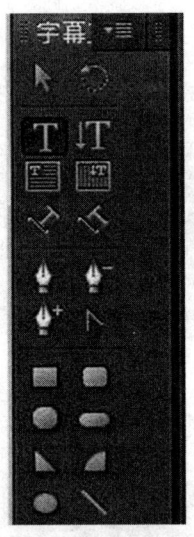

图 7-7

由下图可以看到,字幕处于编辑状态,所以可以看到字幕字体外的白色外框。需要注意的是,文字部分不要超出安全框的范围。

图 7-8

在视频窗口中单击鼠标的右键,出现下面的画面:

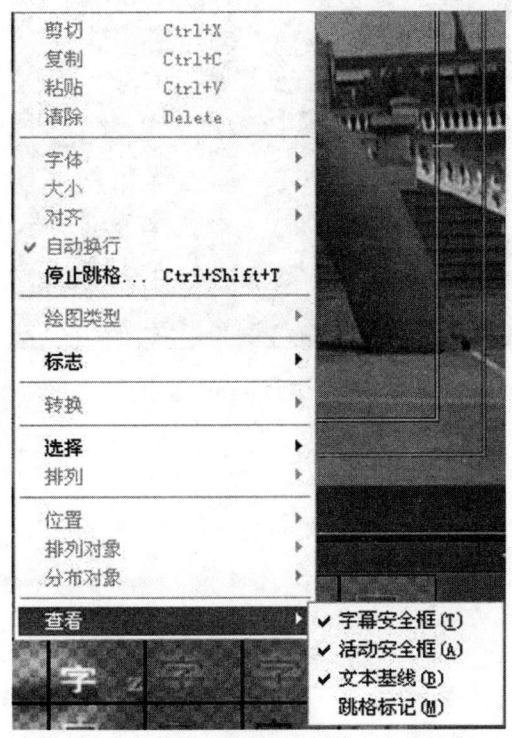

图 7-9

在这个菜单中,可以点选需要的安全框。

二、设置字幕的特效与动作方式

在字幕的主对话框中,可以更改字体的种类。

图 7-10

单击这五个字的输入框,可以看到右侧的字体文件属性,大家可以按照需要调整。

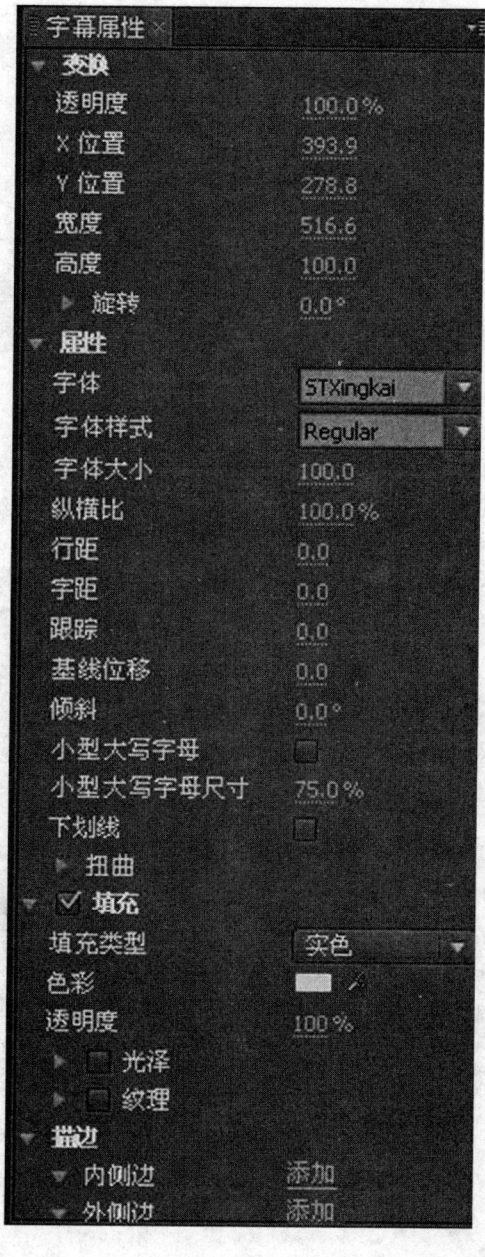

图 7-11

另外，Premiere 还提供一个字体样式的列表，这样可以很快捷方便地得到想要的字幕。

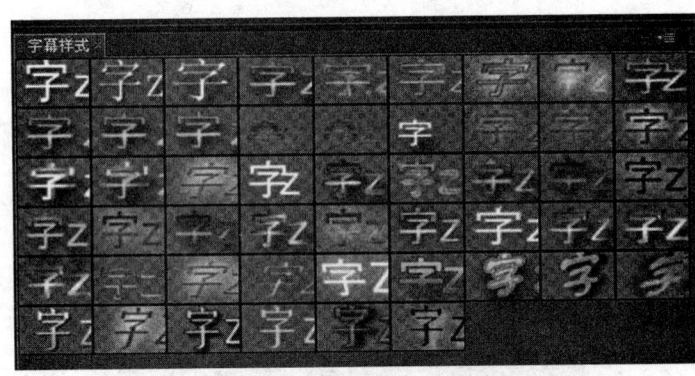

图 7-12

大家可以按照需要进行参数的调节。调整到满意以后，关闭字幕对话框，回到编辑前的画面，这时，大家可以发现，在素材框内出现一个字幕文件，即刚才编辑的字幕。

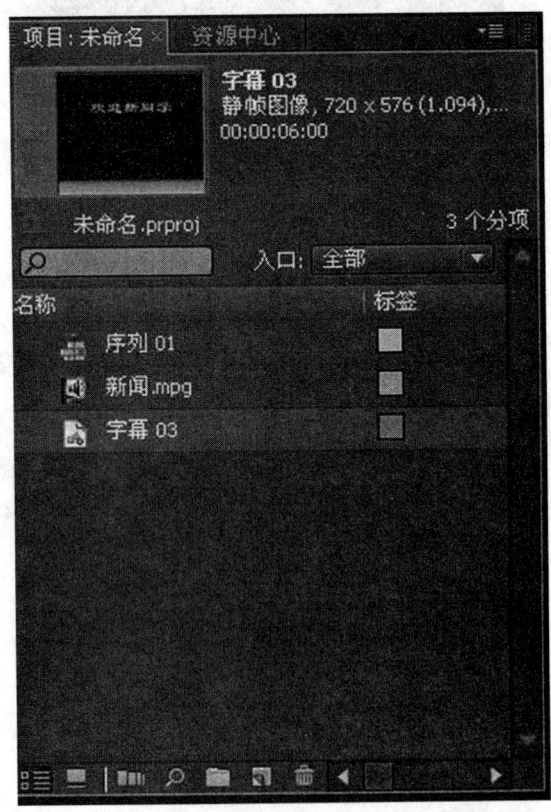

图 7-13

三、预览效果

将该字幕拖至新的视频轨,即可将字幕叠加到画面中来,调节字幕轨的长度,即可以调节字幕所出现的时间。

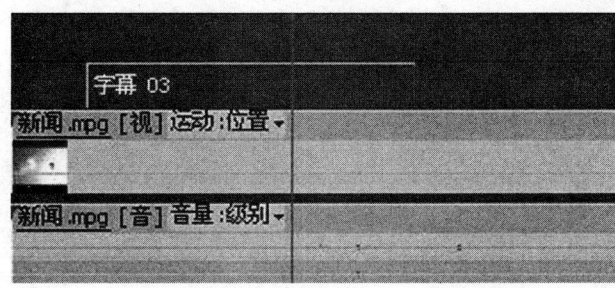

图 7－14

单击播放按钮,就可以在监视器右边的预览窗口中看到字幕的实际效果。

图 7－15

第三节 节目输出

一、输出的基本概念

1. 输出

当影片编辑完成以后,可以根据不同的需求,输出为各种合适的格式,便于观看或者下一步的视频处理。

除了输出视频片段以外,同时也可以输出编辑项目、视频、音频以及图片等。所以说,Premiere 的输出格式还是很丰富的。

2. 输出文件的格式

输出有很多的编码方式,除了支持标清的常见格式如:AVI、MPEG1、MPEG2、MPEG4、MPEG2-DVD 等,对于高清也有相应的支持格式如:AVCHD、DVCPROHD、XDCAM HD、HDCAM 等。

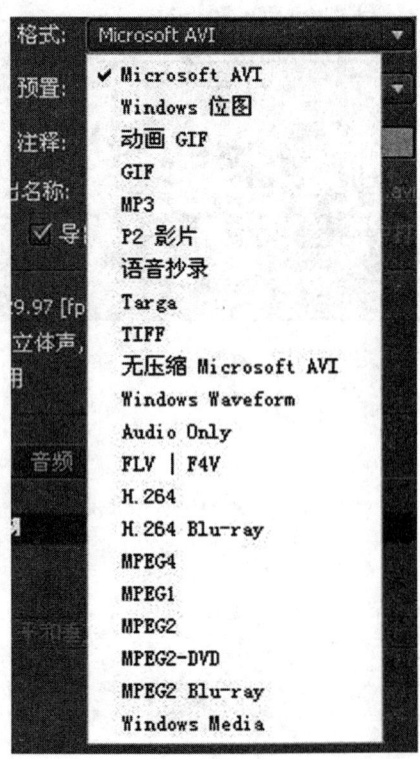

图 7-16

如图 7-16 所示,输出可以分为以下几种类型。

● 视频格式:AVI、FLASHVIDEO、WINDOWS MEDIA、MPEG1 MPEG2、MPEG4、MPEG2-DVD 等。

● 音频格式:MP3、WAV、WMA、GIF 等。

● 静止图片格式:BMP、GIF、TGA、TIFF 等。

● 图片序列格式:TGA 序列、GIF 序列、TIFF 序列等。

3．输出方式

输出的方式有输出到硬盘指定位置、输出到刻录机、输出到录像带等方式。如图 7-17 所示。

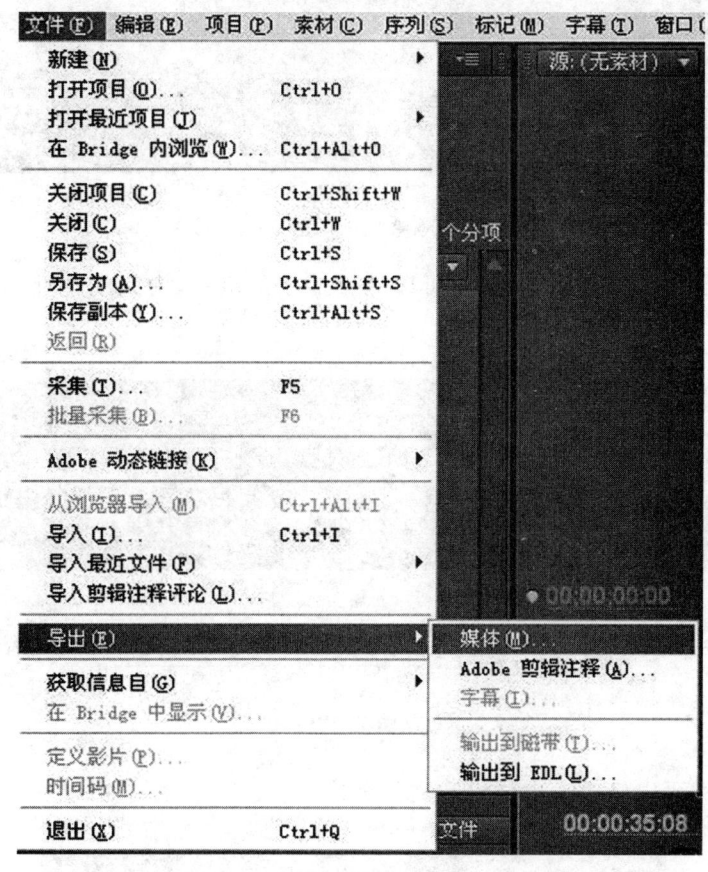

图 7-17

4．设置输出范围

点击【文件】—【导出】—【媒体】可以看到以下对话框。

图 7-18

调整黄色长条两端的三角形标记,可以调整输出的范围,中间的指针指示的是当前画面的位置。

图 7-19

单击输出名称可以修改输出位置和文件名称。

图 7-20

设置好位置和各项参数以后,单击确定。

5. 创建常用的格式文件和光盘

经过范围设置后点击确定,系统会自动调用 Adobe Media Encoder,这是一个独立的编码软件,除了可以给 Premiere 作配套的组件以外,也可以单独使用。

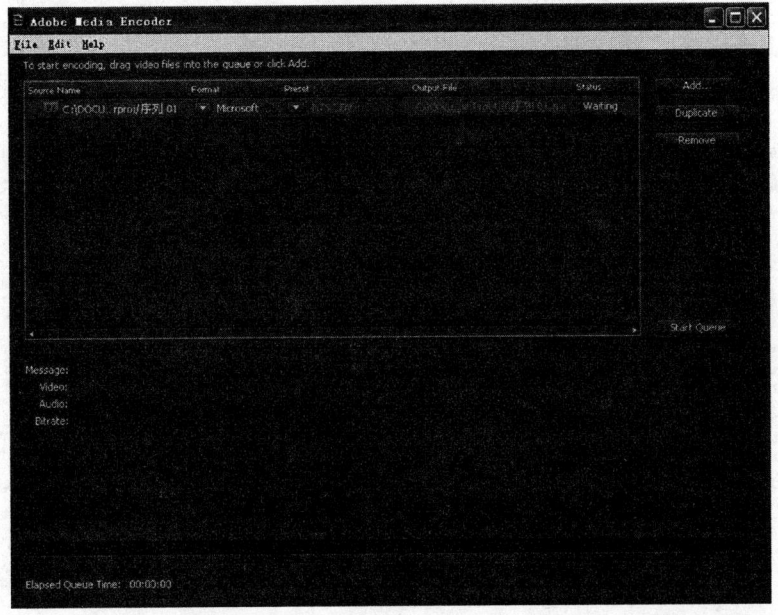

图 7 - 21

单击 Start Queue,即开始编码工作。

经过一段时间的编码运算后,文件输出完毕。输出的文件可以在预设的位置找到,如图7－22所示。

确认输出文件的格式和在输出前的设置一致,然后就可以使用专门的刻录软件(如：Nero Burning ROM)进行光盘的刻录了。

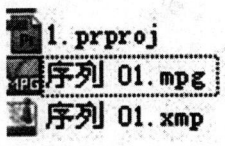

图 7 - 22

思考题

1. 影片中为什么要添加字幕？
2. 字幕编辑器有哪些部分组成？
3. 如何制作衬底字幕？
4. 如何利用字幕模板制作字幕？
5. 怎样控制滚动字幕的速度？

应用篇

第八章　AVID 非线性编辑系统简介

现代计算机技术、网络技术和数字通信技术的高速发展为数字媒体技术和艺术的发展带来广阔的空间。尤其是影视制作技术从前期的拍摄到后期制作,以及节目的传输、存储、传播等都在进行着数字化、网络化的大变革。现在各级电视台、动画制作单位、传媒与广告公司的摄、录、编、播基本实现数字化和网络化。在影视、动画节目的后期制作方面,非线性编辑已基本取代了传统的线性编辑。

Avid MC 是一套低成本的高清解决方案。全球最强大、最先进的编辑系统。它集成了视频后期制作的编辑剪辑、特技制作、字幕合成、图形图像处理以及音频效果的处理等功能,是当今良好的电视后期制作系统。Avid 非线编辑类产品在中国拥有大量客户群体,Avid 不仅全面支持标清节目制作,且支持标清、高清信号的采编和混编。Avid 的产品广泛用于电视制作、新闻制作、商业广告、音乐节目以及 CD 等,更适用企业宣传节目和大部分的影片制作,这使得 Avid 成为全球领先的非线性编辑系统的制造企业。

Avid 不仅有以苹果机为载体的工作站,更有适应目前主流的操作系统,以 PC 为载体的工作站,建立在 XP 系统下的产品。我们以 Windows 操作系统下的 Avid MC 为例,介绍该系统的基本使用与操作。

第一节　AVID 基础入门

一、创建一个新项目

第一,双击 Avid 图标,启动 Avid 软件,显示 Avid 启动画面并迅速进入项目创建窗口。(如图 8-1)

图 8-1

第二,进入项目创建和设置、选择界面。

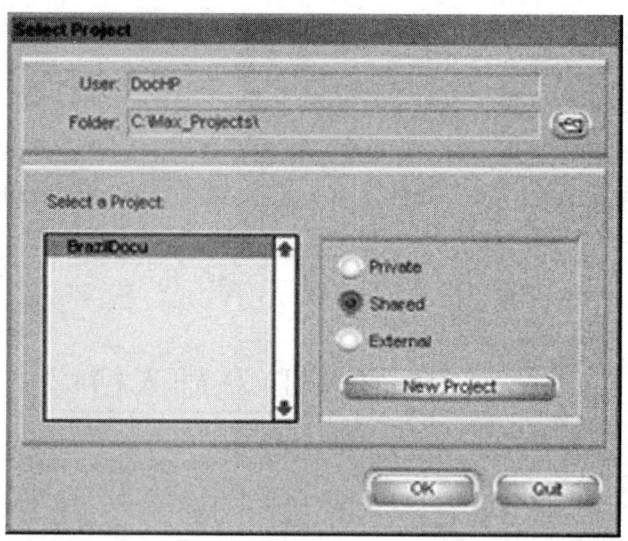

图 8-2

- User:用户名,用于用户的名字。
- Folder:项目文件所在位置,存放用户文件的路径。
- User profile:用户配置,显示当前用户。
- Select a Project:选择项目名称,用户已有的项目文件。

可供选择的三个选项。

- Private:用来建立只有系统登录用户能够访问的项目。

- Shared：用来建立所有用户都可以共享使用的项目。
- Extermal：可以访问在其他位置上的项目。
- New Project：新建项目。

第三,如果是初次创建请点击新建项目,进入以下对话框。(如图 8-3)

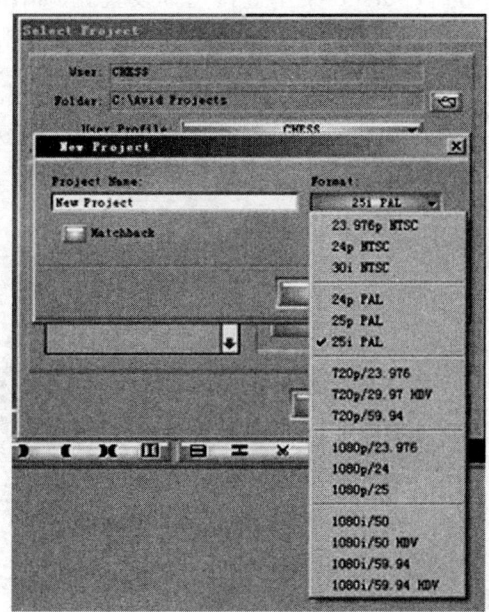

图 8-3

选择所要编辑制作的电视制式,输入项目名称,点击 OK,回到上一级界面。(如图 8-4)

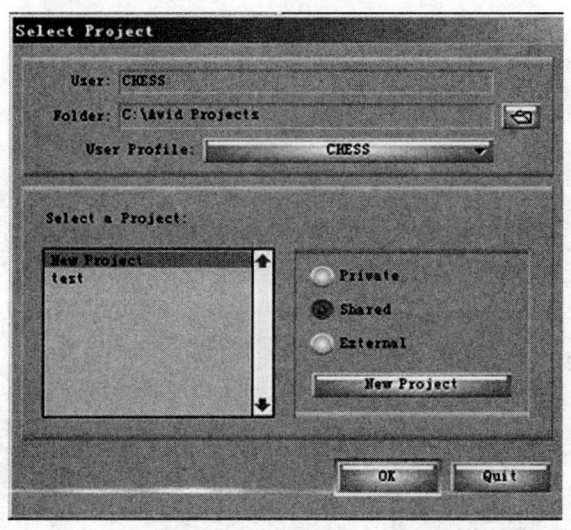

图 8-4

第四,点击 OK 进入你建立的项目。

二、主要工作窗口介绍

点击 OK 进入工作界面窗口。Avid 有两种界面形式,"basic"(基本)和"source/record"(源/记录),可通过菜单栏中的"Toolset"菜单进行选择设置。(如图 8-5)

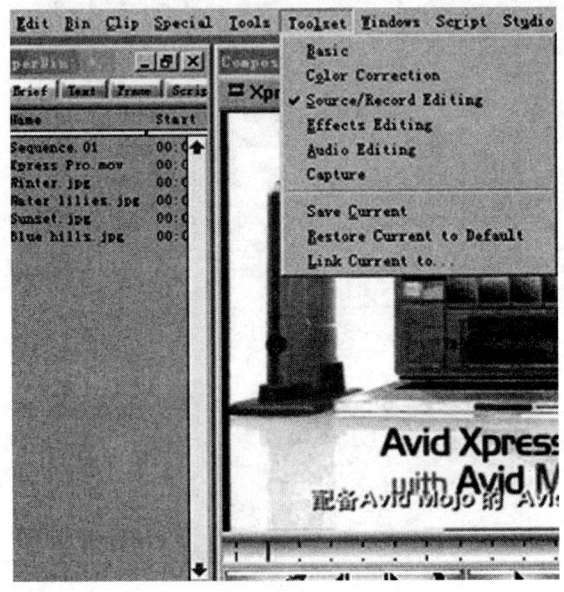

图 8-5

默认的形式一般为"Source/Record Editing"形式,界面如图 8-6。

图 8-6

该界面有五个窗口：分别是 Bin（素材箱）窗口、监视窗口、节目窗口、项目窗口、时间线窗口。

1. Bin（素材箱）窗口

Bin 窗口中存放着所有编辑素材相关的内容。（如图 8-7）

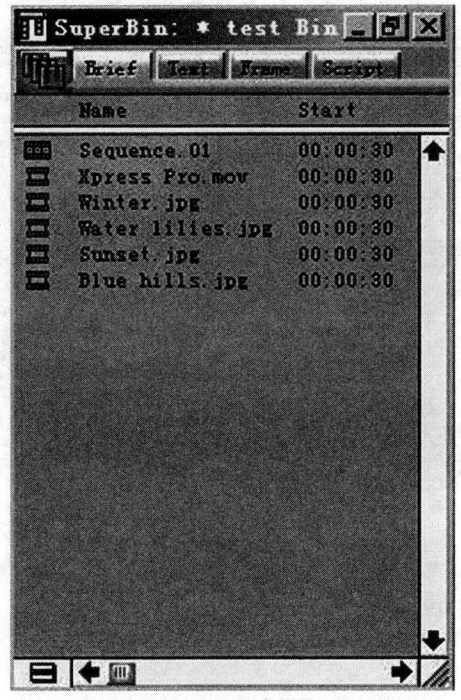

图 8-7

我们可以依次在摘要显示方式、详细文字显示方式、帧显示方式、描述显示方式之间进行切换。

2. 项目窗口

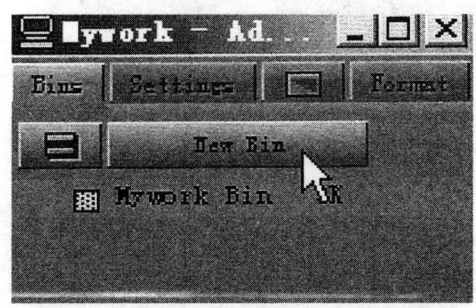

图 8-8

主要用于素材及各类项目文件的管理、文件的导入及节目序列的输出等。

本窗口主要有四个选项：

Bins 面板：该选项主要用于新建素材箱，用快捷图标建的素材箱可以重新命名及做添加、删除、着色等多种管理。（如图 8-9）

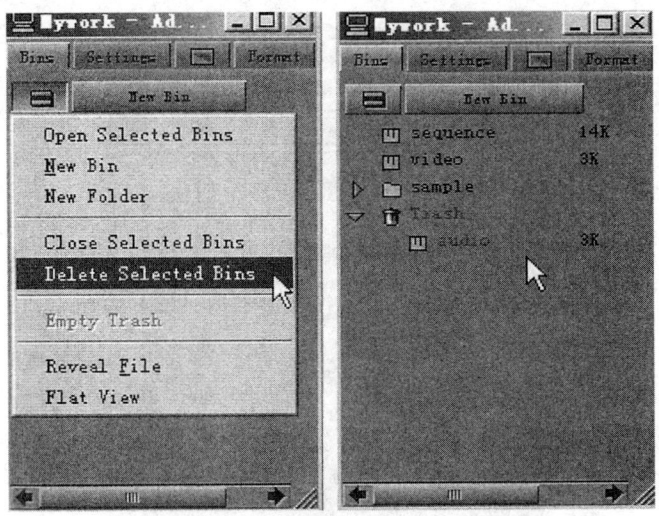

图 8-9

Settings 面板：该面板中包含项目的各种设置，其目的是满足不同节目编辑的需要。（如图 8-10）

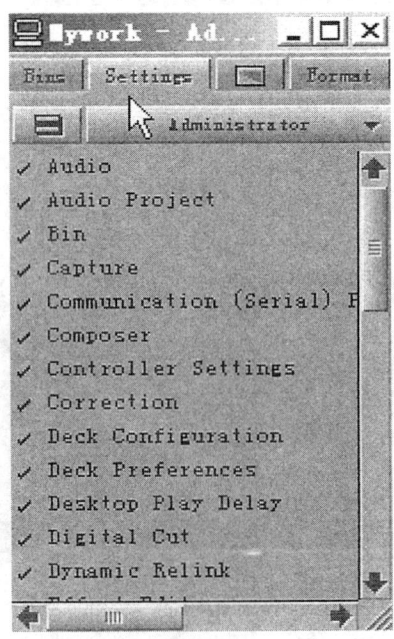

图 8-10

Effects 面板:该选项主要存放了系统自带的画面过渡效果类别,左侧为主要类别,右侧为该类别下的主要过渡形式。(如图 8-11)

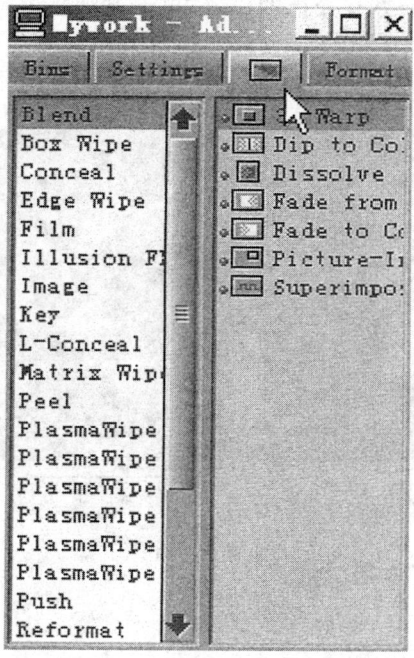

图 8-11

Format 项目格式选择:在项目窗口中,对素材的管理有多种显示形式,通过该选项可以改变素材的显示形式。

3. 时间线窗口

时间线窗口是编辑工作的主要工作平台,大部分的编辑工作将在这里完成。用轨道的形式来图形化显示序列中的各个镜头。窗口中包含了源轨道选择器和记录轨道选择器,缩放条和滚动条,播放头位置光标等。(如图 8-12)

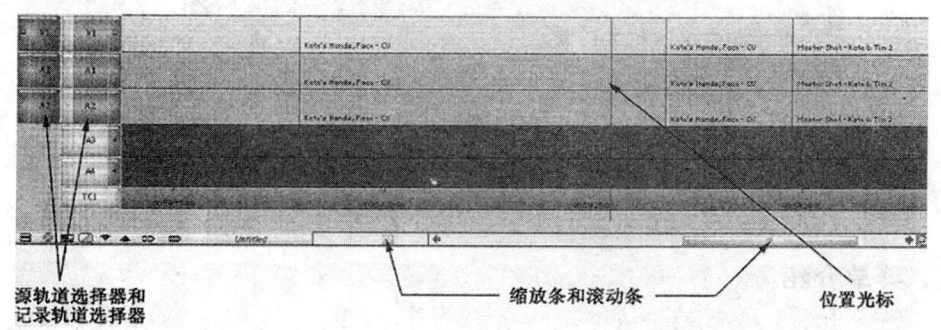

图 8-12

4. 监视窗口

双击一个片段(素材),它将出现在监视窗口中,这里主要用于镜头的挑选,将有用的素材剪辑到序列中去。监视器的下方有光标的位置,再下方则是工具条,上面有很多的按钮(如图8-13),每个按钮代表着一种命令,执行这些操作将对应地完成一个动作。

图 8 – 13

5. 节目窗口

节目窗口是剪辑到序列中时间线上的片段内容,同监视窗口一样,它也有相应的位置条、位置光标和工具条。操作如同监视窗口,区别在于播放的内容是时间线上的序列内容,而不仅是素材段。(如图8-14)

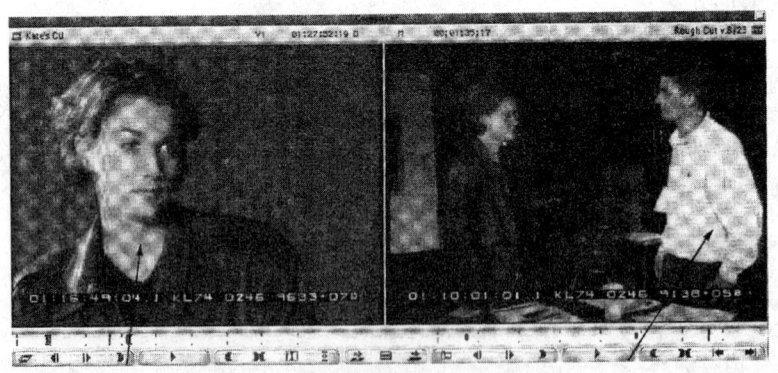

图 8 – 14

三、菜单介绍

在Windows操作平台下的Avid非线性编辑系统,传承了Windows友好的操作界面,设计了类似于 Windows 风格的操作界面形式，采用了下拉菜单的方式。在此仅就常用的菜单做一介绍。

1. File 菜单

使用过 Windows 软件后，对"File"菜单应该就不陌生了。"Open"（打开）、"Close"（关闭）、"Save"（保存）、"Print"（打印）等，这些都是标准的菜单命令，其他的就是 Avid 所特有的了。

● "New Bin"（新建媒体夹）：新建一个媒体夹（Bin）。以前是点击项目窗口上的"New Bin"按钮来新建媒体夹的。Avid 提供更多的途径来完成同一件事。

● "Open Bin"（打开媒体夹）：实际上用得并不多。选中一个媒体夹后再选择这个菜单命令，所选的媒体夹会打开。但通常只需双击就可以打开该媒体夹了。

● "New Script"（新建脚本）：此命令与"Script Integration"（脚本集成）功能配合使用。

● "Close Bin"（关闭媒体夹）：这个命令会关闭激活的媒体夹。当然，平时只需单击媒体夹窗口边角上的关闭按钮就行。

● "Save Bin"（保存媒体夹）：可以保存所有选中的媒体夹。Avid 具有自动存盘功能，以自动保存文件。如果想确保自己刚做的工作确实保存上了，可以按"Command＋S"（Mac）或"Ctrl＋S"（Windows）组合键，或者选择此菜单命令。

● "Save Bin Copy As"（另存为）：可以把打开的媒体夹保存一个备份。

● "Page Setup"（页面设置）：连接上打印机后，可以打印许多东西。这个命令会打开一个窗口，从中可以对打印页面进行设置。

● "Print Bin"（打印媒体夹）：此命令会打开一个对话窗口，可以从中选择需要打印的内容——一个激活的媒体夹，或片段的一帧画面，或时间线。

● "Get Bin Info"（显示媒体夹信息）：会显示所选片段的名字、开始时码，还有媒体夹里片段的数量、长度等信息。

● "Reveal File"（显示媒体文件）：选中一个主片段，再选择此命令，可以跳到计算机的桌面，找到与该主片段相关的媒体文件，这样就可以很容易找到自己的媒体文件，进而可以删除或移动该文件。

● "Export"（导出）：Avid 处理的是 0 和 1 的数字信息，几乎所有的数字文件都可以导入和导出。Avid 兼容很多类型的文件，如图像文件、动画文件以及音频文件。导出文件就是输出在 Avid 中创建的数字信息。比如，要在自己的宣传页中加上某演员的特写，可以从时间线上导出一个 TIFF 文件，然后导入到诸如 Adobe Illustrator 这样的软件里使用。

● "Send To"（发送至）：这有点像"Export"，不过这个命令要做的是把节目序列或媒体文件发送到特定的软件程序。

● "Make New"（创建新的）：这个选项可以设定自己的"Export"设置，这样，在导出时，所有设置都已经保存好，直接导出就行了。

● "Oigidesign Pr Tools"：Pr Tools 是高端声音合成软件，在娱乐界广为使用。

● "DVD"：这个选项可以把节目序列导出为可以被 DVD 软件识别的"QuickTime

Reference"影片格式。

● "Encoding"（编码）：可以把节目序列导出到编码软件，如 Soenson Squeeze，在那里可以压缩媒体文件，进而可以转成 DVD 影片。

● "Avid IDS"：Avid IDS 是 Avid 最高端的系统，该命令选项可以把节目序列导出到 Avid IDS，进行最后成片的相关处理。

● "AudioVision"：和 Pro Tools 一样，AudioVision 是一款声音编辑系统，可以把音频与数字视频同步起来，完成音频相关处理。这个命令选项能把节目序列发送到 AudioVision 系统。

● "Import"（导入）：导入是导出的反向处理。用"Export"可以把 Avid 内的文件导出至其他计算机中，而用"Import"可以把各种文件导入到 Avid 系统中。能导入的文件包括数字图片、数字音频、在 After Efects 中创作的动画，或者在 Photoshop 中完成的字幕等，兼容的文件格式很广。

● "Refresh Media Directories"（刷新媒体目录）：如果把媒体硬盘从 Avid 系统中卸除，或者删除了大量的媒体文件，此时可能需要让 Avid 系统检查看看那些文件是否还在，让系统刷新媒体目录。

● "Load Media Database"（载入媒体数据）：媒体数据就像一张目录卡，记录外挂硬盘中存入了什么，又取走了什么。Avid 系统并不是随时都在内存中载入这些数据，经过某些操作处理后，可能有些媒体被标记为"I\\ledia Ofine"。在载入媒体数据后，Avid 有可能会找回丢失的离线素材。

● "Mount All"（全部加载）：这个菜单命令会加载所有链接到 Avid 的媒体硬盘，或使之激活。

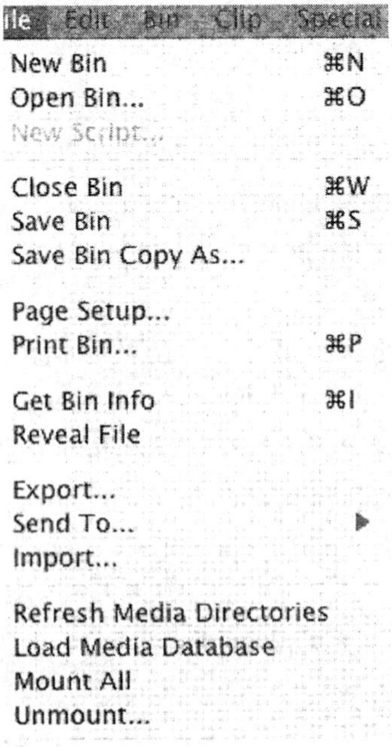

图 8 - 15

- "Unmount"（卸载）：此命令会打开一个对话窗口，从中可以选择、卸载或退出相关的硬盘。
- "Exit"（退出）：可以关闭当前打开的所有东西，包括媒体夹和监视器窗口，并退出 Avid 应用程序，回到桌面。

2. Edit 菜单

同样，"Edit"菜单的命令与其他一般软件上的很相似，"Cut"（剪切）、"Copy"（复制）、"Paste"（粘贴）、"Undo"（撤销）、"Redo"（重复）和"Duplicate"（备份）等命令肯定都使用过了。在这里虽有些差异，但并不出人意料。

- "Undo Mark Out"（撤销标记出点）：用户肯定喜欢这个命令。Avid 提供 32 级撤销命令，也就是说用户可以撤销之前的 32 步操作。
- "Redo Lift"（重复提取）：就是重复之前撤销的操作，与撤销"Undo"一样简单。
- "Undo/Redo Lst"（撤销/重复列表）：列出"Undo"（撤销）和"Redo"（重复）最后的 32 步操作。撤销或重复不用一次一步地逐级操作，可以从列表中直接找到要修改的步骤，而列表中在此之前的所有操作都将被处理。
- "Cut"（剪切）：如果在时间线上以入点和出点做了标记，使用"Cut"剪切命令会把标记的内容删除，并载入到"Clipboard"剪贴板中。这里"Cut"命令的功能与"Extract"（删除）一样。
- "Copy"（复制）：如果用入点和出点选定了某内容，选择"Copy"复制命令可以把选定的内容复制到剪贴板，直到将其粘贴到其他地方。这个功能十分有用，可以从节目序列上的一个地方把音频复制到"Clipboard Monitor"（剪贴板监视器），然后安放到其他地方。
- "Paste"（粘贴）：此命令能把剪贴板中的内容粘贴到时间线上的蓝色位置光标或入点的地方。
- "Delete"（删除）：与键盘的"Delete"键具有同样的功能。使用时会弹出一个对话窗口，以确认从媒体夹中删除片段，或从时间线上删除轨道。
- "Select-All Tracks"（全选）：能很快地选择当前工作的所有项目，如媒体夹里的全部片段，或时间线上的所有轨道。
- "Duplicate"（备份）：在前面已经使用过此命令了，以后还会多次使用来复制节目序列。备份时只要选中要备份的序列，然后按"Command+D"（Mac）或"Ctrl+D"即可。把备份的文件重新命名，这样可以在新版本上做修改，同时保留以前的版本。
- "Enlarge Track"（放大轨道）：可以放大时间线上的轨道。在媒体夹的"Frame View"（帧显示）状态下，此命令也会放大显示的画幅。
- "Reduce Track"（缩小轨道）：可以缩小媒体夹里帧显示状态下的画幅，或时间线上的轨道，此命令经常会用到。
- "Find"（寻找）：和大多数文字处理程序的功能一样，不过这里的"Find"是在时间线上寻找片段，或所标注的文字标记。倘若时间线上有上百个片段，使用这个寻找命令十分方便。
- "Find Again"（再寻找）：重复"Find"的寻找命令。
- "Set Font"（设置字体）：定义屏幕上的字体，包括媒体夹及一些窗口上的字体。如果觉得看清媒体夹里的信息有困难，这个命令就派上用场了。

● "Set Color"（设置颜色）：就像设置字体一样，这个菜单命令可以使媒体夹和"Cmposer"的窗口有不一样的外观。（如图 8-16）

图 8-16

3. Bin 菜单

这个菜单与其他大多数文字处理程序就不一样了。"Bin"菜单的命令用于处理与媒体夹相关的内容，虽然这是显而易见的，但有时还是被忽略了。通常需要打开或选择一个媒体夹后，"Bin"菜单的命令才可以使用。

● "Batch Capture"（批采集）：打开一个对话窗口，选中某片段进行。通常是在录入一个片段后使用此命令。在录入一个片段时，片段的入点和出点时码被设定，但还没有采集。可以在出去吃饭时调用"Batch Capture"批采集命令，让 Avid 把选中的片段数字化。

● "Batch Import"（批导入）：有些项目有大量导入的文件，如图片和动画文件，使用"Batch Import"批导入命令，可以把在其他不同程序或电脑上修改后的文件方便地重新导入到 Avid 中。

● "Decompose"（分解）：此命令会把组成节目序列中的片段分解成一个个单独的片段，假设从录像带上采集了 1 000 个主片段，为了节省存储空间，是以 15∶1 的低分辨率采集的。如果最终的节目序列中只有 50 个片段，将它分解后，在媒体夹中就会得到 50 个片段，只需将这 50 个片段以高分辨率（如 DV25 或 1∶1）重新采集即可。"Decompose"是一个容易使用的菜单命令。

● "Consolidate/Transcode"（合并/转码）："Consolidate"（合并）可以把媒体文件转移到选定的硬盘上，以便进行更好的管理。同时还可以把那些已经数字化处理但不再需要的媒体素材处理掉，以腾出大量的存储空间。当合并一个节目序列时，Avid 系统会保留所有剪辑到该序列的媒体，同时把那些没有用到的媒体删除。这通常是在完成了非常精细的剪辑后才会进行。"Transcode"（转码）是 Xpress DV 中没有的功能，可以把序列或片段从一种格式转换到另一种格式，所以可以通过"Transcode"转码把高清的序列转成标清格式。

● "DV Scene Extraction"（DV 镜头分解）：开始和停止 DV 拍摄时，在录像带上都会记录一个标记，所以录像带上的每个镜头都是有标签的。使用这个命令可以把录像带上的所有镜头分解成单个的"片段"。这样可以把整盘或感兴趣的部分录像带做成个主片段，然后用"DV Scene Extraction"自动把每个镜头分解成子片段。这样处理并没有节省媒体的存储空间，但确实能很快把手头的片段分解开来。

● "Relink"（重新链接）：有时主片段和媒体文件之间的链接断开了，虽然媒体文件还在硬盘中，但主片段还是呈现了离线状态（media offline），此时就需要把片段和媒体文件重新链接起来。

● "Change Sample Rate"（改变抽样频率）：数字音频，如 CD 上的或 DV 摄像机上录制的，是可以以不同的抽样频率记录的，这有点像是音频的分辨率，抽样频率越高，声音质量越好。常用的抽样频率有 32 KHz、41 KHz 和 48 KHz。剪辑时可以把不同抽样频率的声音编辑在一起，然后从"Bin"菜单中选择本命令，为这个节目序列确定一个统一的抽样频率，这点在把序列输出到录像带前很重要。Xpress 项目的抽样频率通常为 48 KHz。

● "Launch In Native Application"（启动原程序）：使用 After Effects 或 Ilustrator 可以完成一个带 HTML 链接的公司标识，然后插入到 Avid 的时间线中，这被称为"增强"（enhancement）。选中一个"增强"，使用本命令可以打开创建这个"增强"的原程序（倘若系统中已经安装）。

● "Headings"（信息栏）：点击此命令，它会打开一个对话窗口，罗列出所有可能的栏目名称，从中选择需要的项目，去掉想隐藏的项目。

● "AutoSync(tm)"（自动同步）：对电影项目来说这个命令很方便。电影是双系统录制的，即声音不是胶片摄影机记录的，而是由另一个设备记录的。采集时图像和声音是分开处理的，两者在 Avid 里被同步、组合在一起。一旦被同步，图像和声音就被锁定在一起，失去同步时会显示同步错误。

● "Group"（组）：这是 Xpress DV 没有的功能。此命令可以把不同摄像机拍摄的片段组合成一个片段，然后就可以使用 Avid 的"MultiCamera"多摄像机编辑功能了。比如说有四个片段组成了一组,在"Quad Split Mode"四分屏模式下,源显示窗口能显示所有的四个片段。这样可以同时看到四个画面,然后把最合适的剪辑到序列中。

● "Custom Sift"(自查询):此命令可以打开一个对话窗口,在窗口里面自己设定不同的标准,以便在媒体夹中查找特定的片段。查询可以按名字、创建日期、散带以及长度等。

● "Sort/Sort Again"(排序/再排序):这个命令可以选择媒体夹中的某一列进行排序,所有片段按所选列以字母顺序自动排列。当进行了一次排序操作后,命令会变成"Sort Again"(再排序)。

● "Show Sifed"(显示查询):在查询时,这个命令只显示媒体夹中符合查询标准的项目,而其他项目均不显示。

● "Show Unsifed"(显示未查询):此命令显示那些不符合查询标准的项目。

● "Set Bin Display"(设置媒体夹显示):在打开的对话窗口中可以设定媒体夹的显示内容。其中有许多选择,常见的只有一小部分,具体如下:

"Master Clips"(主片段)

"Subclips"(子片段)

"Sequences"(序列)

"Sources"(源)(罗列出素材所在的磁带)

"Effect"(特技)(叠化、划像等)

"Motion Effects"(运动特技)(静帧、慢放等)

"Renderd Effects"(以渲染的特技)

如果这些项目都选上,那媒体夹的内容就太多了,会很难找到所需要的序列、片段和子片段。在掌握了特技、字幕和运动特技并开始制作时,往往希望在媒体夹中看到这些东西。

● "Reverse Selection"(反选):假设媒体夹里有 40 个片段,两个是远景,其他 38 个是特写,现在要把所有特写镜头都选中。使用"Shift+单击"先把那两个远景镜头选中,然后用"Reverse Selection"反选就可以把那 38 个特写片段都选上,同时那两个远景片段没有选中,选择操作被反过来了。

● "Select offline Items"(选择离线项目):离线意味着素材还没有进入素材箱,仅仅是录入,所以没有媒体文件。通过这个命令,可以很轻易就把媒体夹中所有的离线片段找出来。

● "Select Media Relatives"(选择媒体相关联):在选中一个序列或片段后,用此命令可以选出所有与之相关的内容。比如在完成最终的节目序列后,为了确认是否使用了所有的镜头,单击该节目序列后选择"Select Media Relatives"命令,Avid 会把序列中用到的所有片段都选中。为此,需要同时使用两个媒体夹。在"SuperBins"(超级媒体夹)状态下,双击打开包含序列的媒体夹并选中一个序列,然后单击包含素材片段的媒体夹,这样就可以同时看到两个媒体夹了,接着再调用此菜单命令查看媒体的关联情况。

● "Select Unreferenced Clips"(选择未使用的片段):此命令正好与"Select Media Relatives"相反——选中一个序列并调用此命令,系统将把媒体夹中所有没被剪辑到该序列的片段全部显示出来。

● "Loop Selected Clips"（循环选中的片段）：这是一个非常好用的工具。假设同一个动作或场景拍了两次，可以在源显示窗口中把要对比的段落用入点和出点标记出来，然后在媒体夹中用"Shift＋单击"把这两次拍摄的选上，接着调用"Loop Selected Clips"命令，这两个镜头就会依次循环播放，便于对比。实际上，用这个功能来对比播放的片段数是不限定的。

● "Align Columns/Align to Grid"（列排列/网格排列）：在"Text View"下，此命令按列排列整齐；而在"Frame View"下，此命令变成了"Alignto Grid"，会把片段整齐排列到网格上。

● "Fill Window"（充满窗口）：在"Frame View"显示下，该命令把所有片段均匀地在窗口里排列。

● "Fill Soted"（排序充满）：在"Frame View"显示下，因为没有了列，并不能排序。但如果在"Brief"或"Text"显示下已经做了排序，那么选择"Frame View"后，通过此命令，可以根据其他显示模式下的排序来显示帧画面。

● "Select Unendered Titles"（选择未渲染字幕）：在字幕能实时播放之前是要经过渲染的，该命令可以选中所有还没有渲染的字幕。（如图 8－17）

4．Clip 菜单

● "New Sequence"（新建序列）：用此命令可以随时创建新的节目序列。

● "New Video Track"（新增视频轨）：此命令可以在时间线上新增一条视频轨。在以后进行特技和字幕制作时，要把它们剪辑到新的视频轨，如 V2 上，这样画面才可以合成在一起。

● "New Audio Track"（新增音频轨）：Avid 可以同时播放 8 到 24 轨音频。如果对解说轨外再添加音乐、一个旁白轨和几个声效轨，那音频轨很容易达到 6 至 7 轨。这个命令可以在时间线上即刻添加新的音频轨。

● "NewTitle"（新建字幕）：该命令可以打开字幕工具"Title Tool"，制作字幕。

● "Freeze Frame"（静帧）：这个菜单有一系列的静帧长度可选，1秒、5秒、10秒等，选择并制作相应长度的静帧。

● "Load Filler"（加载黑场）：命令将打开一个弹出监视器，里面是黑场，这有点像电影剪辑没曝光的胶片，可以剪到影片中，作黑场停顿，也可以替换画面或声音。比如说要在一场戏结束而下一场戏开始前插入 1 秒的黑场，选择"Load Filler"，在弹出监视器中标记入点，往前 29 帧，标记出点，然后在时间线上需要插入黑场的地方标记入点，接着选中所有轨道，按下插

图 8－17

入剪辑按钮即可。这操作与其他片段没什么两样,不同的是这里只有黑场。

● "Audio Mixdown"（合并音频）：此命令可以将多轨音频合并到一轨（单声道）或两轨上,这样可以把节目序列发送到网页或其他程序上。

● "Video Mixdown"（合并视频）：和上面合并音频的原理是一样的。

● "ExpertRender In/Out"（智能渲染入点/出点）：特技往往需要计算机生成一个合并的媒体,这个生产新媒体的过程就是渲染。如果特技不是很复杂,无需生成新媒体,Avid 通常是可以实时播放的。这样有个好处,就是在实施渲染、生成媒体占据硬盘空间前,可以播放观看该特技是不是所需要的。而有些 Avid 不能实时播放,在观看前必须渲染。通过这个菜单命令,Avid 将审查几个轨道上的特技,并决定那些要渲染,才可实时播放所有这些特技。Avid 并不是把这些特技都渲染,而是"智能"地选择那些需要渲染的进行处理。

● "Render In/Out"（渲染入点/出点）或"Render at Position"（渲染当前位置）：实际上,如果要把作品展示给世人,所有特技都需要渲染。如果只有一个特技,就把光标停在该特技上,然后选择"Render at Position"。如果要渲染的是多个特技,就在第一个特技前标记入点,在最后个特技后标记出点,然后选择"Render In/Out"。

● "Render On-the-Fly"（现在渲染）：如果是多个特技的组合,或特技比较复杂,在渲染之前 Avid 可能无法播放,但在渲染前,可以打开"Render On-the-Fly",让系统显示特技效果。此时,特技有可能并不是实时播放的,但由于开启了"Render On-the-Fly",在时间线上拖动光标时能看到特技的效果。

● "Re-create Title Media"（重新创建字幕媒体）：Media Composer 和 Xpress Pro 的用户通常以低分辨率进行剪辑工作,这样可以节省硬盘空间。最后输出到录像带上时,再把最终的节目序列以高分辨率重新采集。这样,低分辨率下所做的字幕有可能不能播放。为了使字幕在新的分辨率下可以播放,就需要"Re-create Title Media"命令,这样字幕也会转换到高分辨率上。Xpress DV 的用户可以让字幕先离线,然后再重新制作。

● "16：9 Monitors"（16：9 监视器）：此命令将源监视器和记录监视器调整到宽屏幕显示。

● "VTR Emulation(门模仿录像机)：这是 Xpress DV 没有的功能。如果连接正确,Avid 可以外接一个录像带编辑系统来播放节目序列。这个外挂的编辑控制台控制 Avid 播放序列,就像遥控录像机里的素材带。这样,可以把多盘素材带的内容和 Avid 上的序列一起编辑到节目母带上。

● "Digital Cut"（数字剪辑）：Avid 可以把最终完成的节目序列输出到所连接的专业模拟或数字录像机上。使用"Digital Cut"命令,Avid 可以控制录像机,使用时码把序列录制到录像带上。

● "Modify"（修改）：此命令允许对片段的重要信息进行修改。比如在录入过程中,有一盘录像带录入了两轨音频,而录像带本身只有一轨有用的音频。可以在媒体夹中选中已录入的片段,通过"Modify"命令把其中一轨音频关掉。这样,当采集这盘素材带时,系统就不会采集两轨音频了。

●"Modify Pulldown Phase"(修改放慢)：剪辑转磁后的素材，或以 23.976 帧/每秒录制素材时，实际上是在处理被拉慢的画面，有时就需要修正拉慢设置。

●"Modify Enhancement"（修改增强）："增强"(Enhanc-ement)是附加到时间线上的内容，如 HTML 链接。通过这个命令，可以对"增强"的大小、形状以及在屏幕上出现的位置等进行修改。

●"Remove Match Frame Edits"(删除帧匹配编辑)：主要是针对"添加剪辑点"（add edits），通过此命令，可以把序列中入点和出点之间的添加剪辑点删除。

●"Lock Tracks/Lock Bin"（锁定轨道/锁定媒体夹）：该命令可以把一个或多个轨道锁定，这在剪辑的最后阶段特别方便，可以防止因不小心而丢失剪辑的内容。锁定后，轨道选择器上会出现一个锁形图标。如果此命令用在媒体夹上，就可以将媒体夹锁定而不能再做修改。

●"Unlock Tracks/Unlock Bin"（轨道解锁/媒体夹解锁）：此命令可以给轨道和媒体夹解锁。（如图 8-18）

5. Special 菜单

●"Group Clip Mode"（组剪辑模式）：和 Media Composer 一样，Xpress Pro 能把不同的片段合并成组，如同一个主片段。在"Quad Display"四分屏显示模式下可以同时看到四个片段(通常是四个不同的拍摄角度)，通过一个按键就可以在播放时把片段切换、剪辑出来。"Group Clip Mode"是剪辑成组片段最好的方法之一。

●"Read Audio Timecode"（读取音频时码）：Avid 可以读取录在音轨上的纵向时码，并把相关信息显示在辅助时码列，这是文本显示下的一个信息栏，必须在文本显示模式下才可选择。

●"Device"（设备）：此命令可以让 Avid 去检测都有什么外挂设备，如 Avid Mojo，或接到火线口的录像机等，通常是把序列输出到录像带时进行这步操作。（如图 8-19）

图 8-18

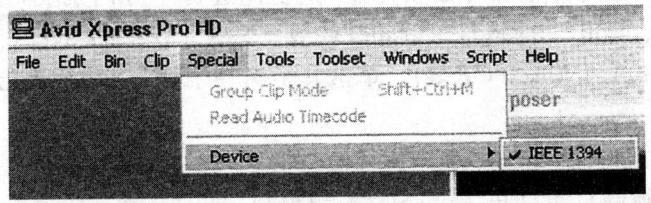

图 8-19

6. Tools 菜单

所有的音频工具都在"Tools"菜单中，里面还有其他一些好用的工具，如"Comand Palette"，还包括一些搜索所有媒体文件以及控制视觉特效的工具。

- "Audio Mixer"（调音台）：这是个重要的工具，打开后看上去就像是混音面板，上面有音量和声相的滑块，拖拽滑块，可以调整时间线上的单个片段、部分时间线或整个轨道。

- "Audio EQ"（音频 EQ）：此工具可以调整时间线上的单个音频片段的均衡，通过调整低频、中频以及高频，可以改变或改善声音。

- "Automation Gain"（自动增益调整）：这看上去有点像"Audio Mixer"工具，但可以在播放声音的同时进行调整——在播放序列时可以调整声音电平，上下调动滑块产生的曲线以关键帧来标记，在时间线上可以看到电平变化的示意曲线。

- "AudioSuite"（AudioSuite 插件）：可以进入一个 AudioSuite 音频处理工具，进行音调处理、压缩或扩展长度以及声音倒放等。

- "Audio Tool"（音频工具）：可以打开一个类似数字 VU 表的工具，用来监视输入、输出的声音强弱。工作中要使用该工具来判断声音是否具有合理的电平，而不能依赖自己的耳朵来做决定。

- "Audio Punch-In"（插入音频）：打开的工具能把声音直接记录到时间线上，最初是为快速插入旁白解说而设计的。

- "MetaSync Manager"（元同步管理）：元数据是个新词汇，指附加在视频或 DVD 上的额外信息，如字幕、片尾说明文字以及网络连接等。这个命令可以打开一个工具，以便把元数据安置到时间线上。

- "Calculato"（计算器）：能打开一个特殊的计算器，用于计算不同格式的胶片和视频长度。比如，可以输入一个时码格式的长度，然后换算成 35 毫米胶片的、以尺和格来表示的数值。

- "Clipboard Monitor"（粘贴板监视器）：提取、删除、复制，以及单击粘贴板按钮等操作，都可以把时间线上标记的内容暂时保留在粘贴板监视器中。这个命令可以打开粘贴板监视器，进而可以把上面的部分或全部内容剪辑到时间线上。

- "Command Palette"（命令面板）：所有的功能都包含于功能面板中，数量能上百。可以将其中的任何一个功能设置到键盘上，创建自己的自定义键盘，或安置到源/记录监视器下面的工具栏中。该面板像文件柜那样贴了标签，把功能进行了分门别类，具体是"Move"（移动）、"Play"（播放）、"Edit"（剪辑）、"Trim"（修剪）、"FX"（特技）、"3D"（三维）、"Mcam"（多机位）、"Other"（其他）、"More"（更多）。单击其中某一个分类标签，就能看到其中所有的相关功能按钮。

- "Composer"：能激活"Composer"监视器。

- "Console"（控制）：能打开"Console"控制窗口，显示系统具体信息，包括系统 ID 和型号，媒体夹里的内容以及时间线上的序列的相关信息。上面还有系统的错误信息，可以在电话中向 Avid 工程师汇报，以协助解决某些问题。

● "Capture"（采集）：打开控制采集处理的工具，此工具看上去有点像录像机的工作面板，上面有播放、快进和倒带等按钮。

● "EDL"：打开一个能生成编辑决定表（EDL）的工具。许多使用高质量录像带的项目并不是在 Avid 完成制作的，Avid 只是用来决定各剪辑点，还需要根据 Avid 生成的 EDL 表，到在线编辑系统那边把原始录像带编辑成节目。如果选取此菜单命令后，"EDL Manager"程序没有自动打开，可以直接到应用程序文件夹手动打开程序。

● "Effect Editor"（特技编辑器）：打开特技编辑器，可以调整特技参数。

● "Effect Palette"（特技板）：打开一个面板，从中可以选择所有可用的画面特技。

● "Hardware"（硬件）：能显示组成 Avid 系统的计算机硬件，同时显示各硬盘有多少空间可以使用。所用的硬盘都会显示在此工具上，每个硬盘旁边是一个图示栏，提示硬盘中已经使用的总量以及可使用的总量。

● "Locators"（定位符）：标记类似于彩色的标签，可以添加到时间线的任何轨道上，以提示重要的地方，在上面还可以输入自己的标注。此菜单命令打开的窗口能显示序列上所有的标记，还可以用不同的模式来查看。

● "Media Creation"（创建媒体）：这个命令能打开一个对话窗口，以设定如何处理进入 Avid 的所有媒体。为了节省硬盘空间，可以把从录像带采集的素材设定成较低的分辨率，而把制作的字幕和导入的图片设定成最高的分辨率，这样，在最终的节目序列中，只需把使用到的录像带素材以最高分辨率重新采集就可以了。

● "Media Tool"（媒体工具）：这个工具的样子及操作和媒体夹一样，可以寻找和管理项目的所有媒体文件。

● "Project"（项目）：能激活项目窗口。

● "Timecode Window"（时码窗口）：打开一个能显示八位时码信息的窗口，点击该窗口，可以显示从下拉菜单中选择的内容，如入点到出点之间的长度、序列长度，以及剩余时间等。

● "Timeline"（时间线）：如果不小心关闭了时间线，或找不到时间线，通过选取此命令可以打开时间线。

● "Title Tool"（字幕工具）：能打开一个制作字幕的工具，这与"Clip"菜单中的"New Title"作用一样。（如图 8-20）

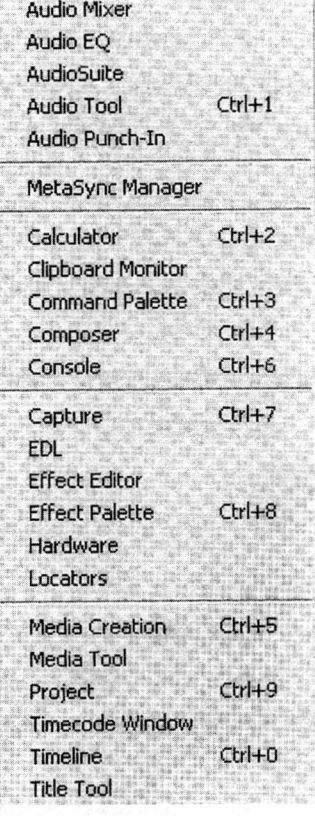

图 8-20

7. Toolset 菜单

此菜单能改变 AVid 的界面外观，在处理某一剪辑任务时，如采集录像带、调整画面颜色或添加画面特技等，此菜单可以提供最有用的工具。虽然可以分别打开这些不同的工具，但用鼠标一点击就能更容易实现。更方便的是，可以改变某一"Toolset"工具的工作模式，而且这些修改会轻松保存起来。

● "Basic"（基本）：选择"Basic"后，源监视器将消失，只留下记录监视器。当双击打开一个片段时，片段会在一个较小的快捷监视器中打开。

● "Color Correction"（颜色调整）：能打开一系列的工具，用来细致地调整时间线上的片段。

● "Source/Record Editing"（源/记录编辑）：会提供一个源监视器和一个记录监视器，这是经常使用的模式。

● "Effects Editing"（编辑特技）：选择此项，特技板会打开，显示所有可用的画面特技。特技编辑器也同时打开，可以调整特技的效果，如加个边框，调整透明度，或者记录监视器里的移动等。

● "Audio Editing"（编辑音频）：能打开音频调音台工具，用来改变、完善声音质量。由于是对时间线上的片段进行处理，不需要源监视器，有时间线和记录监视器即可。所以此时源监视器就消失了。

● "Capture"（采集）：当选择此编辑模式后，会打开采集工具，系统可以从磁带上采集素材。

● "Save Current"（保存当前）：可以保存"Toolset"菜单选项的设置，以便快捷进入自己的模式。比如，在"Source/Record"模式下，我希望媒体夹的"Brief"显示模式为默认模式，那就将媒体夹改成"Brief"显示，然后选择"Save Current"菜单，以后就成了进入"Source/Record"后的显示模式。

● "Restore Current to Default"（将当前恢复为默认）：放弃"Save Current"下所做的修改，并恢复为默认状态。

● "Link Curent to …"（链接当前到…）：使用"Link Current to…"命令，可以看到不同的设置，可以对其命名，然后与"Toolset"的某个模式关联起来。（如图 8-21）

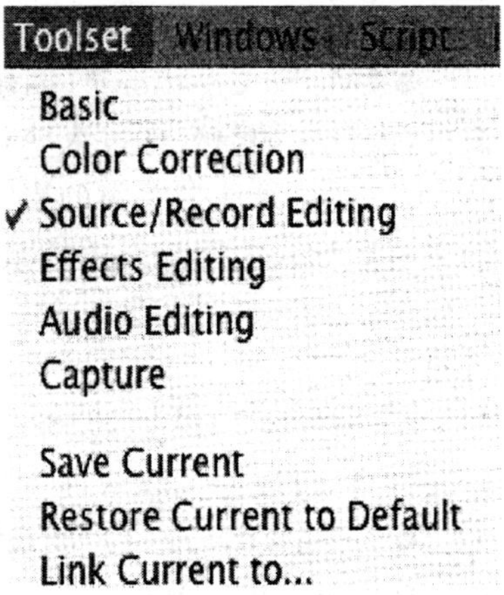

图 8-21

8. Windows 菜单

● "Close All Bins"（关闭所有媒体夹）：关闭所有媒体夹。如果在记录监视器中有节目序列，序列会消失，一块消失的还有时间线。

● "Home"（起始）：会把激活的显示窗口（通常是"Composer"或时间线窗口）恢复到其在计算机显示屏上播放视频正确的位置。（如图 8-22）

"windows"菜单

图 8-22

9．Script 菜单

"Scipt Integration"是建立在剧情电影通常的剪辑模式之上的，是 Avid 最强大的功能之一，需要大篇幅来详细介绍。

10．Help 菜单

"Help"是 Avid 提供的在线帮助工具，当选择"Shortcuts"（快捷方式）或"Avid Xpress Pro Help"（Avid Xpress Pr 帮助）时，网页浏览器会启动，帮助网站会打开。如果遇到难题不知道如何处理，可以在帮助中搜寻，直到找到 Avid 的解释。"Read Me"是一个 Acobat 文本，像一本操作说明。（如图 8-23）

图 8-23

第二节　素材的采集与导入

一、素材的采集

在编辑节目之前，首先需要把素材传输到计算机的硬盘里，这就是素材的导入与采集。

如果素材来源是记录在磁带上的视音频信号，则需通过采集将素材导入。在以磁带为记录媒介的非线性编辑系统中，是以实时地把磁带上的视音频信号转录到磁盘上的，这比线性编辑增加了额外的操作时间。对以数据格式存储视音频素材，可通过数字接口实现素材的上载，这在一定程度上提高了编辑效率。在输入素材时，应该根据不同系统的特点和不同编辑要求，决定使用的接口方式和参数设置。

采集所要达到的目的有两个：一是完成素材的数字化工作。对视音频素材来说，许多是以模拟信号的形式存在的，采集就是要把它转化成数字信号；二是将数字化后的视音频信号存储在计算机的硬盘载体上。虽然目前多数的电视摄录设备采用的都是数字信号,如 DV 格式、DVCPRO 格式、DVCAM 格式等,但这些信号还是记录在磁带这样的带式载体上,要实现对这些信号的非线性处理,必须把它们导入到计算机的硬盘里,以实现非线性编辑。

采集时要注意如下两个问题:一是所采集素材的质量。决定素材质量的因素主要有信号源的质量、选择不同的采集接口、采集卡的质量和压缩比设置等。二是采集时对录像机的控制。专业的采集卡具有控制接口,与带有编辑控制功能的录像机连接实现控制采集。另外对带有 DV（LEEE 1394）接口的摄像机和采集卡来说,通过 1394 线即可实现控制与采集。在非线性编辑中常用的采集方法有:手动采集、自动采集和批采集。

（一）视音频采集

进入采集界面

点击菜单栏中的 Tools(工具)菜单,如图 8-24,选择 Capture(采集)选项。

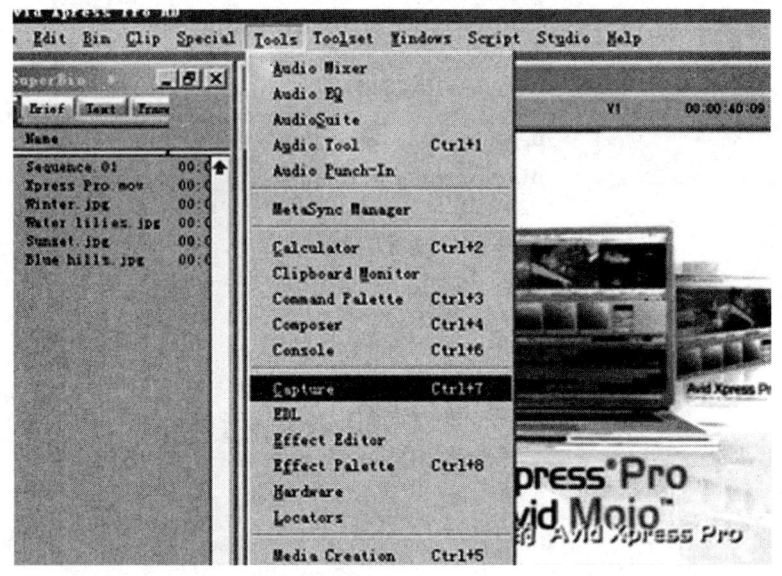

图 8-24

选取采集选项后即进入采集界面,如图 8-25。注意画面左面的倒三角表示可向下展开。

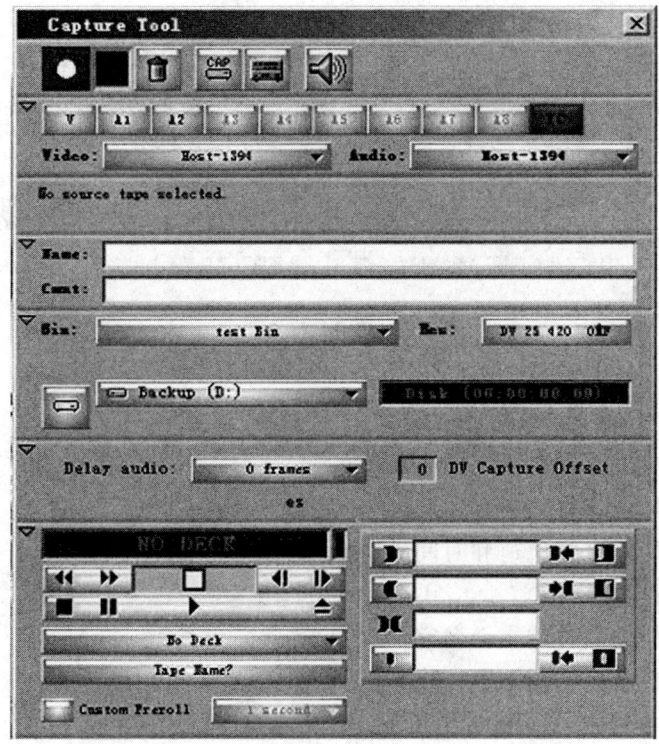

图 8 – 25

界面上各选项按钮的作用如图 8 – 26～27。

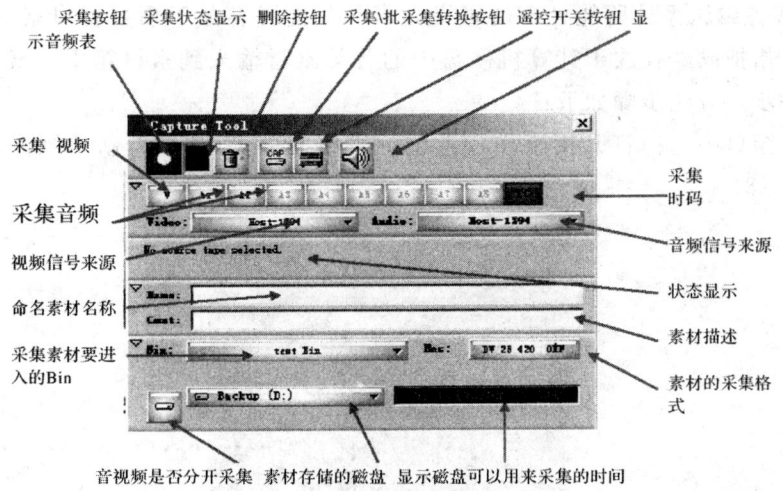

图 8 – 26

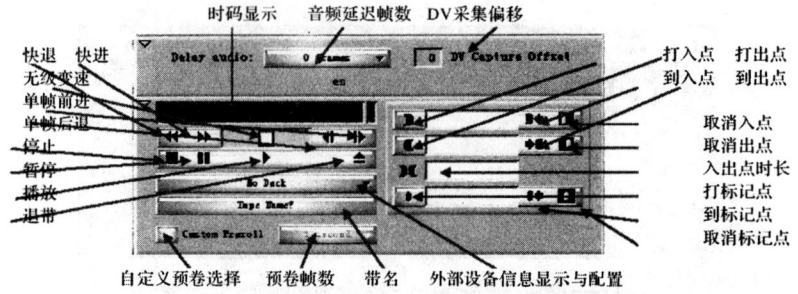

图 8 – 27

（二）采集步骤

● 连接好外部磁带驱动器或外部播放设备；
● 选择遥控采集或是直接采集，是否要批采集；
● 选择要采集的视音频轨道和时间码轨道；
● 选择视音频信号来源；
● 在素材名称栏给素材起一个名字；
● 选择要采集素材的格式和媒体素材存放的位置、选择采集素材要进入的Bins（素材箱）；
● 给素材磁带命名，如果遥控采集，可以遥控回放你所需要的素材；
● 打入点出点，点采集按钮，采集状态栏开始闪烁，表示正在采集，再次点击采集按钮，采集结束。

二、素材的导入

Avid 非线性编辑系统所能处理的影视频素材只能是存放于项目窗口素材箱中的素材，素材的导入是指把已经存放于计算机硬盘中的各类素材输入到素材箱中。素材的导入是编辑工作的第一步。方法步骤如下：

● 在项目窗口中选择打开用于导入素材的媒体文件夹，如果是新建则需重新建立文件夹。（如图 8 – 28）

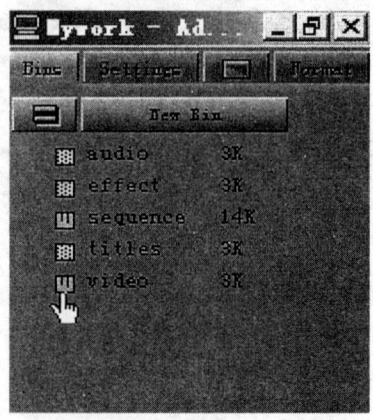

图 8 – 28

● 选择文件菜单 File 下的 Import 命令，出现导入对话框。（如图 8 – 29）

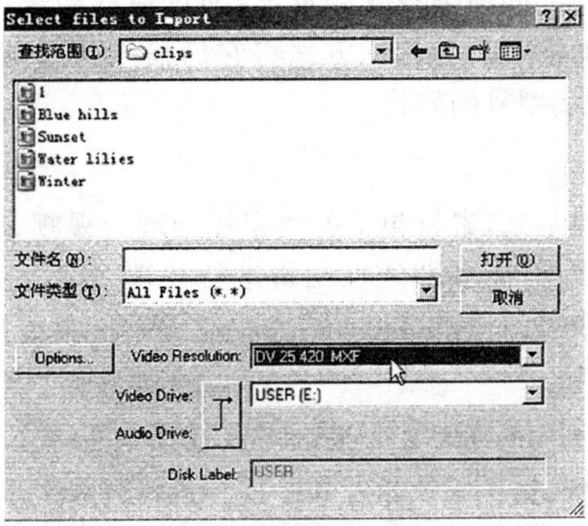

图 8 – 29

● 选取需要导入的文件后，单击打开，出现导入素材进程条。（如图 8 – 30）

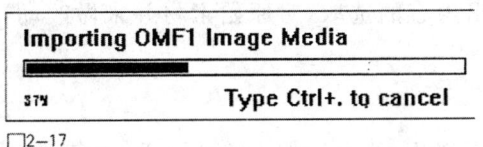

图 8 – 30

第三节　基本剪辑

一、Avid 非线性编辑操作的基本流程

进入计算机硬盘内的各类原始资料，在没有经过镜头选择、添加字幕、特效处理、添加声音等处理之前只能称之为"素材"。只有通过剪辑、字幕、特效、转场声音合成等后期处理后，才能使之成为真正意义上的节目。以下简要介绍 Avid 非线性编辑系统一般的剪辑流程。

1. 创建和设置项目

要制作一部新的电视作品，可以在启动 Avid 非线性编辑系统之后，在项目选择窗口中选取新建项目并对相关参数作出设置，在新项目中进行编辑处理，制作新作品。

2. 采集与导入

采集是指将非计算机内部的各类视音频素材,通过视音频采集卡,将它们捕获到计算机的硬盘上。导入是指将各类素材用导入的方法将它们输入到硬盘之中。如果素材是模拟信号,还将完成模拟信号到数字型号的转换。

3. 添加和管理素材

素材是影视编辑处理的基础,素材包括各类未经处理的视频、音频、图像、文字、动画等数字化格式的各类文件。在使用 Avid 非线性编辑进行处理之前,应先整理好各类素材并将它们放入到项目窗口的面板中去。注意,Avid 非线性编辑系统只处理编辑项目窗口中的素材,对窗口以外的素材无法处理。

4. 编辑素材

编辑是指将捕获到计算机硬盘中的各类素材,按照导演的意图对素材重新进行选取和排列。编辑的过程首先要把硬盘中的素材导入到项目窗口中,可以在监视窗口对素材预先进行剪辑,也可以直接把它放到时间线上进行剪辑。所谓剪辑就是对素材的长短、画面的取舍、先后的顺序等做出选择和安排。一旦在时间线上将画面完成效果处理,前后顺序排定后,将按照预定的效果,由前至后的顺序依次播出。需要注意的是编辑过程中时间线上对素材的取舍,只是对播出内容的选取,对原始素材并未做改动,因此被删减过的素材仍可恢复。

5. 特效处理

特效处理是在编辑的基础上,为素材加入特技效果,如各种滤镜、特技切换、音频处理等。

6. 添加字幕

在影视作品中,字幕是必不可少的视觉元素。Avid 非线性编辑系统中,有较为完备的字幕制作功能。

7. 保存项目

作品制作完成后,将项目保存下来,以便今后进一步的编辑和修改,建议大家养成随时保存的习惯,以防计算机出现问题时不至于前功尽弃。

8. 输出影片

输出是将编辑制作完成的影片,用不同的方式将影片输出到计算机以外的存储媒介中去。Avid 非线性编辑系统可以将影片直接输出到录像磁带、光盘、移动硬盘、生成流媒体文件等多种形式。

二、窗口布局与按钮设置

Avid 非线性编辑界面采用了人性化设计,可根据个人的喜好自由设计窗口大小和布局,默认的窗口布局,如图 8-31。

图 8-31

在默认的模式下,主要有监视窗口、节目窗口、时间线、项目窗口和 Bin 窗口。为了方便快捷的使用某些常用功能,Avid 非线性编辑系统设置了很多的常用快捷键,根据个人喜好,可对这些快捷键进行编辑和设置。方法如下:

步骤一:点击一下"快捷菜单"按钮,工具面板就会出现。(如图 8-32)

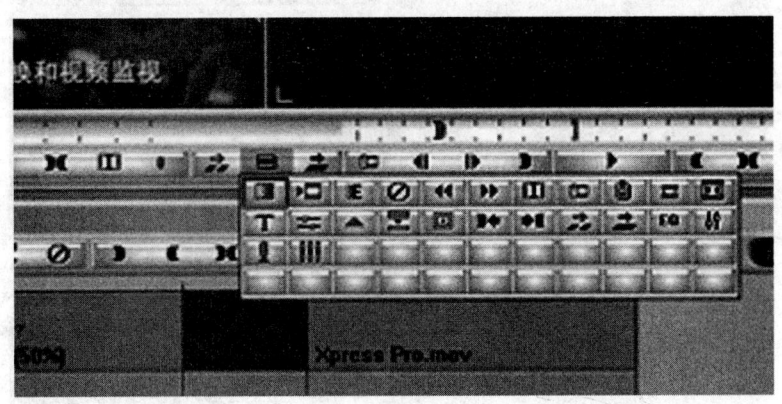

图 8-32

步骤二:移动鼠标到你想要的位置,再次点击鼠标,快捷菜单就会停留在你想要的位置。拖动快捷菜单,右下角可以出现更多的按钮位置,可以在这些按钮位置添加更多的按钮。(如图 8-33)

图 8-33

步骤三：点击 Tools/Command Palette，打开命令面板。(如图 8-34)

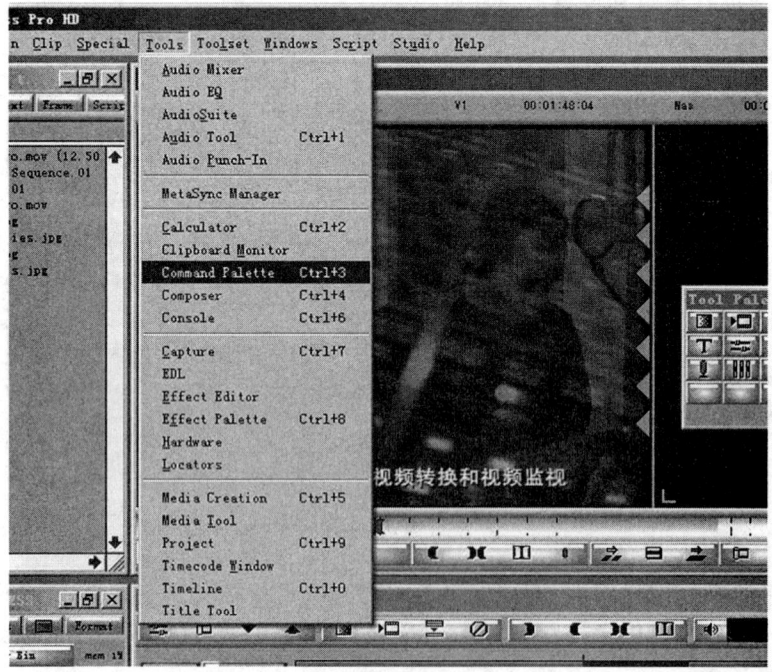

图 8-34

步骤四:选择"Button to Button Reassignment"(按钮到按钮)

步骤五:选中你需要的按钮,一直按住鼠标左键,把它拖放到工具面板上空白的位置,释放鼠标,选择的按钮就会出现在工具面板上。

步骤六:我们把添加编辑点工具 ✂ ,举起工具 ⚙ ,提取工具 ☰ ,添加到工具面板,这在以后的编辑中会经常使用到。

步骤七:操作完毕后,关闭"命令面板",就可以使用"工具面板"上的工具了。(如图8-35)

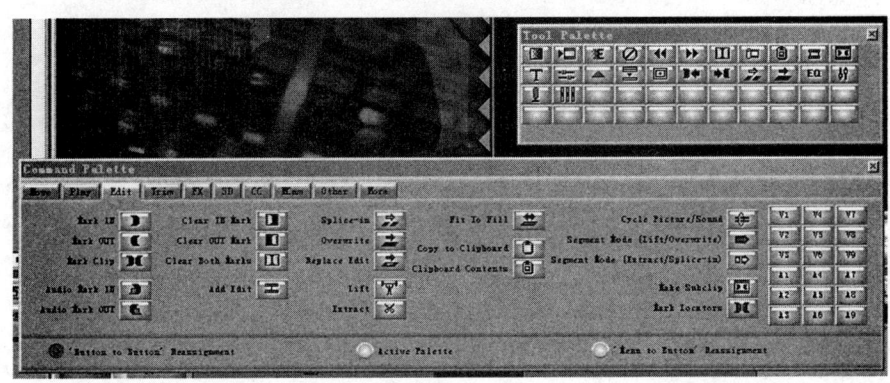

图8-35

三、简单编辑

1. 素材的基本组接

在打开的Bin中双击素材或将素材直接拖至监视窗口,点击播放键即可浏览素材。(如图8-36)

图8-36

在窗口的下面,是相关的编辑工具按钮,常用的主要有:播放、向前进一帧、向后倒一帧、设置素材的入点、设置素材的出点、删除素材的入点、删除素材的出点、插入添加、覆盖添加等。在监视窗口中,可实现对素材的粗编。通过对镜头的浏览,大概确定镜头的长短,设置入点和出点,单击插入添加或覆盖添加按钮,素材即刻添加到时间线指针位置上。也可用拖拽的方式直接将素材拖放到时间线上。用同样的方法把不同的素材放到时间线上。在时间线上可以对任何一个镜头再做精确修剪,形成一个序列。用同样的方法对音频素材也可以做精确的编辑。(如图8-37)

图 8-37

2. 插入操作

步骤一:在 Bin 窗口内选中要编辑的素材,双击素材,素材将进入监视窗口。

步骤二:在素材窗口内使用播放工具、单帧播放工具、打入出点工具、取消入出点工具和素材全选工具,选择你要使用的素材内容。

步骤三:在时间线窗口拖动时间线指针观察合成窗口,选择你希望插入的位置或者想要覆盖的起始位置。

步骤四:选中位置后,在"轨道选择器"上选择需要的素材轨道,再选择想要插入或覆盖的合成轨道。如右图8-38所示,可以通过点击的方式选择或取消轨道。

步骤五:点击插入或覆盖按钮,完成操作。在选择好时间线位置和选择好轨道后,可以点击插入或覆盖按钮进行插入覆盖操作。

插入操作:会将选中的素材插入到时间线中,插入点前后的内容不会改变。

覆盖操作:会将选中的素材覆盖到时间线中,新素材会代替时间线中的内容。

3. 删除时间线上内容

步骤一:在时间线上删除,首先要在时间线上打入出点,选择要删除的区域。

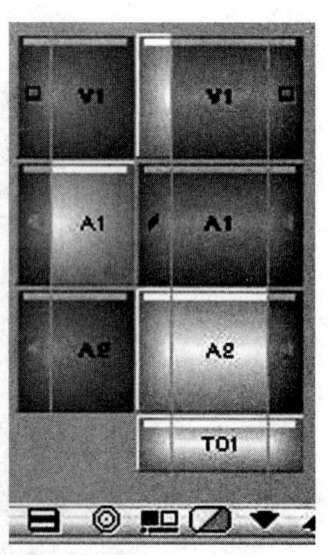

图 8-38 轨道选择开关

步骤二:在轨道选择器上选择删除区域内的轨道,其中深色区域为选中范围。

步骤三:点击快捷菜单,打开工具面板,选择"举起工具"或"提取工具",时间线上的选择区域将会被删除。其中"举起工具"会保留删除区域的空间,而"提取工具"会使删除空间后面的内容前移。(如图 8-39)

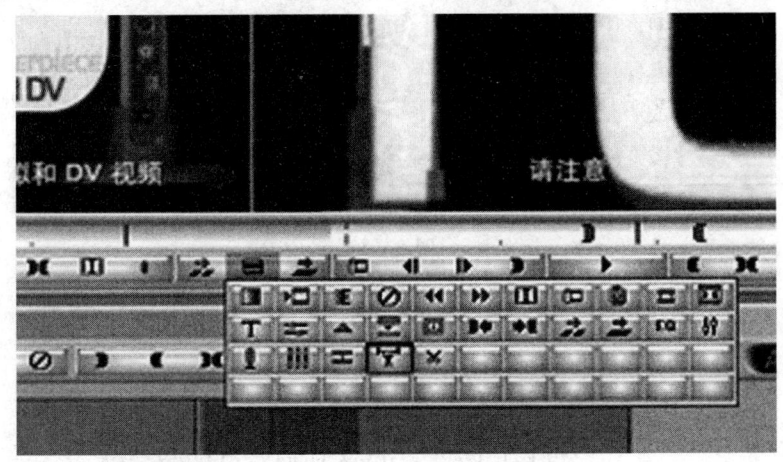

图 8-39

步骤四:点击选择的按钮删除素材。

4．在时间线上移动素材

步骤一:点击快捷键可以进入片段模式,片段模式下可以在时间线上移动单个或多个素材片段,但是视频片段只能在视频轨道移动,而音频片段也只能在音频轨道上移动。

步骤二:在进行片段移动操作时,首先选择快捷键,然后在时间线上用鼠标左键选择你要移动的一个或多个片段(按住 Shift 键可以多选),不要松开鼠标,把你要移动的片段移动到你想要放置的位置,在移动的过程中可以按住"Ctrl 键"吸附到片段边缘,按住"Ctrl＋Alt 键"可以吸附到片段的尾部边缘。

步骤三:注意两个快捷键的使用,一个是类似于插入的操作,一个是类似于覆盖的操作。

5．添加编辑点

Avid 非线性编辑系统不同于以往的其他非编系统,可以在任一素材处添加编辑点,以便对改点做编辑处理。

步骤一:在时间线上,移动时间线指针,选择需要添加编辑点的位置,然后在轨道选择器上选择要添加编辑点的轨道。

步骤二:在快捷菜单中,点击添加编辑点按钮。在当前的光标位置就增加了一个编辑点。(如图 8-40)

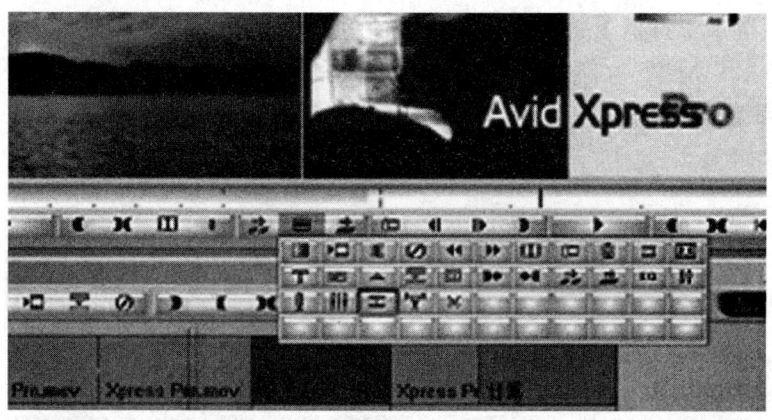

图 8-41

第四节 特效的使用

一、转场效果与应用

如何添加转场效果呢?

步骤一:将时间线指针移至编辑点(即时间线上素材边缘位置)附近,点击快速转场效果。(如图 8-41)

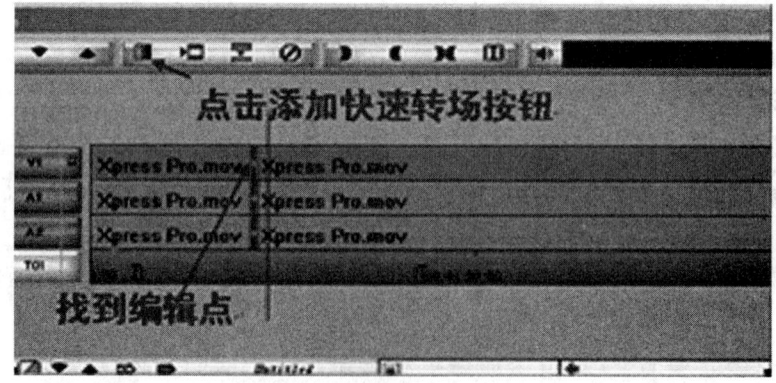

图 8-41

出现转场特技设置面板,转场设置如图 8-42 所示。

图 8-42

选择转场模式,如图 8-43 所示。

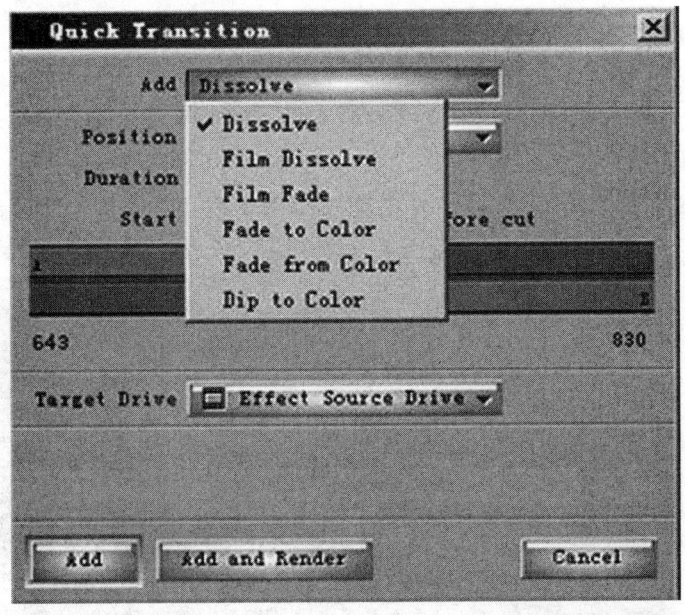

图 8-43

步骤二:在设置好转场特技参数后,点击"Add"按钮就可以应用转场特技了。如图 8-44 所示,一个转场特技被添加了。

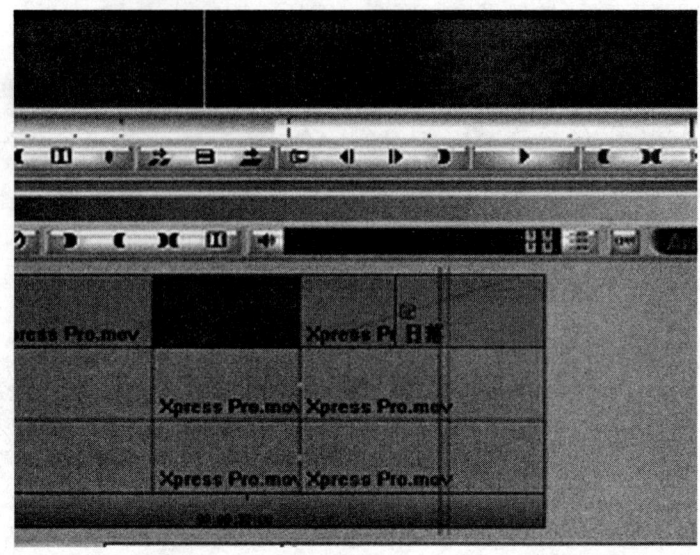

图 8-44

当对制作的转场特技不满意时,可以选择取消特技效果。取消特技时,把时间线指针放在要取消的特技上,然后选择要取消特技的轨道,然后点击取消特技(Remove Effect)按钮,特技就取消了。

二、特效制作

1. 静帧的制作

在素材窗口播放你的素材,通过播放工具选择你要使用的静帧,如图 8-45 所示选择你要求静帧的时间。

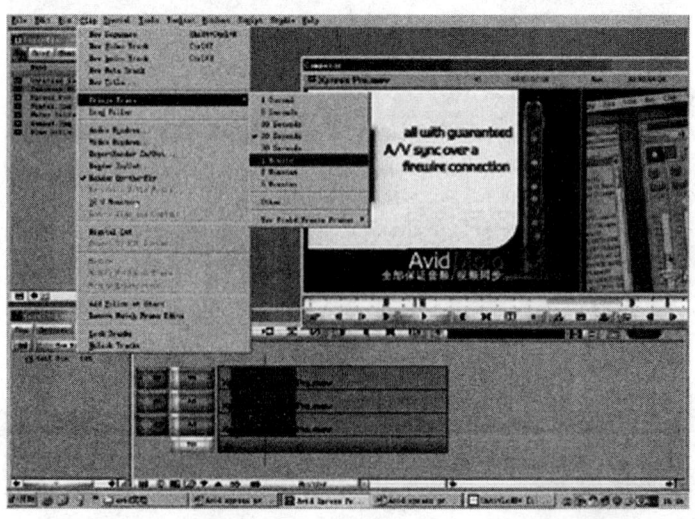

图 8-45

2. 变速的制作

在素材窗口选择你希望制作变速效果的素材，点击"Motion Effect"按钮，设置参数。（如图 8-46）

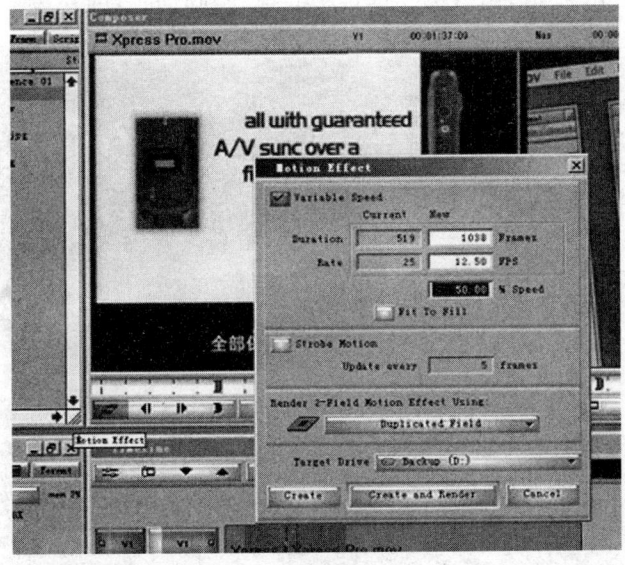

图 8-46

三、应用特效面板添加特技

点击项目面板中的特效面板，左边一栏中显示的是特效的种类，右边显示的是该种类下的特效。（如图 8-47）

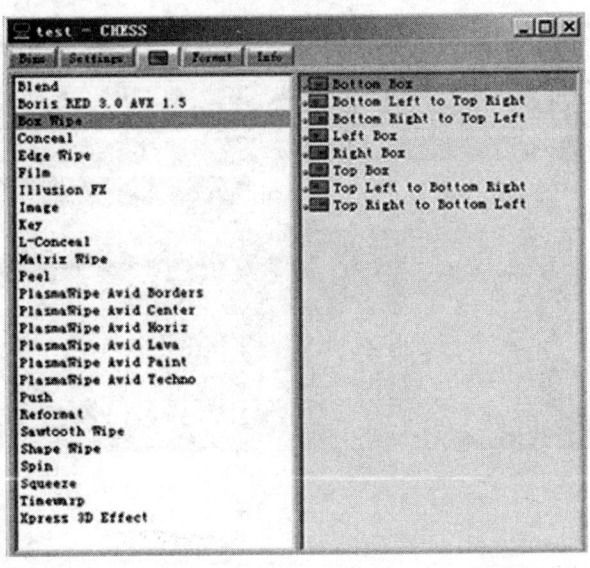

图 8-47

添加特技的方法很简单,只需单击想要的特技,并将其从特技板拖拽到时间线上,在需要添加特技的剪辑点或片段上释放鼠标即可。

步骤一:首先在左边一栏中选择特效种类,然后在右边一栏中选择你要应用的具体特效。

步骤二:如图 8-48 所示,用鼠标左键选中并拖动到时间线的片段上。

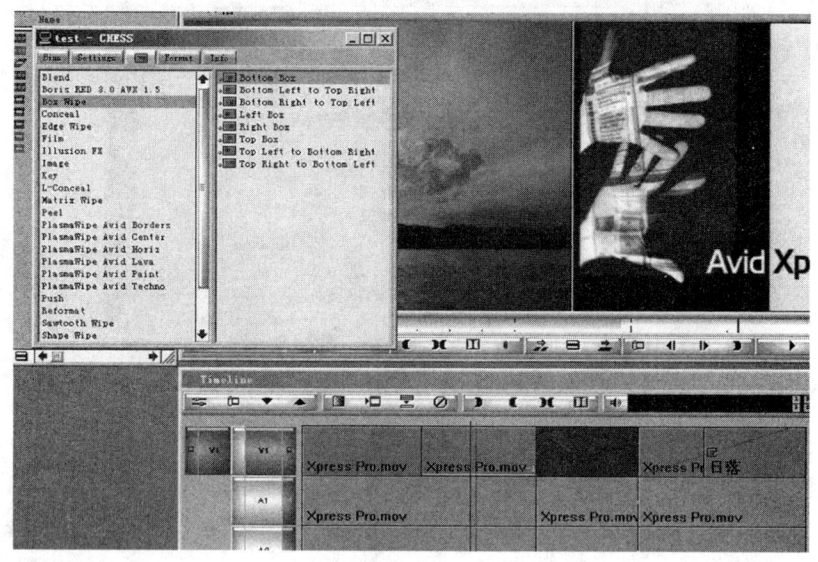

图 8-48

步骤三:修改特效的参数设置。

在添加好特效后,可以通过效果模式(Effect Mode)修改特效设置参数。如图 8-49 所示,把时间线指示器放置在要修改的特效上,点击效果编辑模式按钮,进入效果编辑模式。

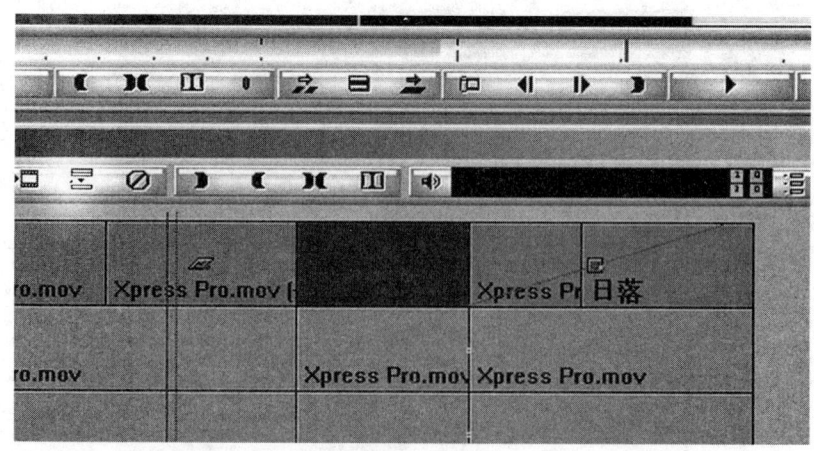

图 8-49

步骤四:效果面板里可以修改与此类效果相关的各类参数并观看效果,直至满意为止。

在 Avid 非线性编辑系统中,多数的特技效果都是实时的,在添加了非实时特效或者特效使用过多时,需要渲染生成才能显示出最终效果。图 8-50 中左侧为非实时,右侧为实时特技。

图 8-50

在添加了非实时渲染时,点击渲染效果按钮,出现渲染效果设置。

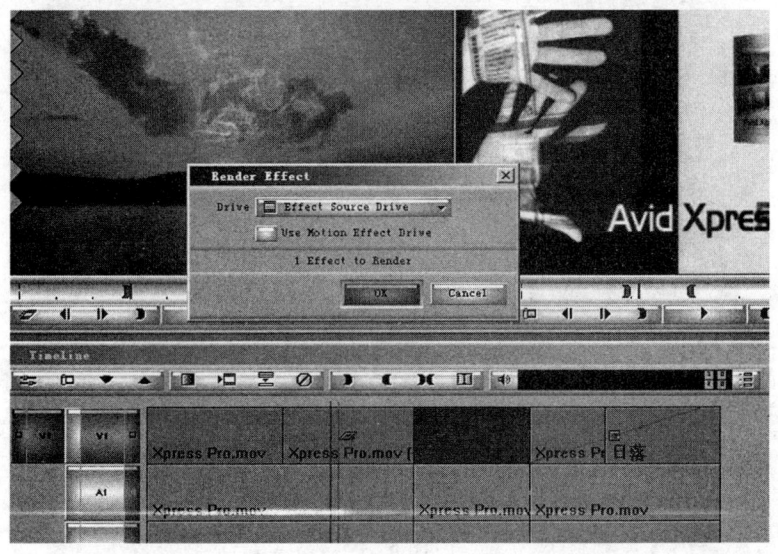

图 8-51

点击"OK",渲染生成效果。去除效果时,移动时间线指针到要去除的效果上,然后点击删除键,特技效果将被删除。

四、转场特效

1. 常用转场特技的类型有叠划(Dissolve)、淡入(Fade from Color)、淡出(Fade to Color)、闪(Dip to Color)和划像等

步骤一:将蓝色标志线置于需要添加转场特技的两个素材接点处,如图8-52所示。

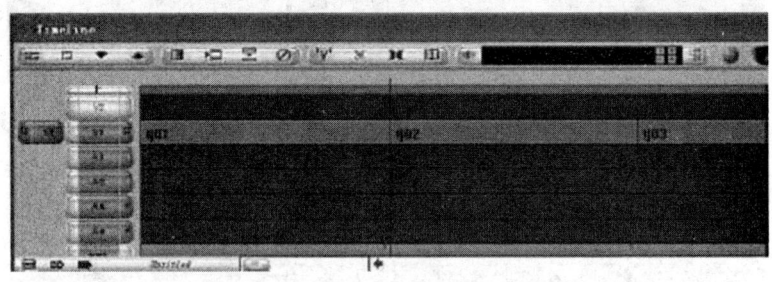

图8-52

步骤二:单击快速变场按钮出现对话框。

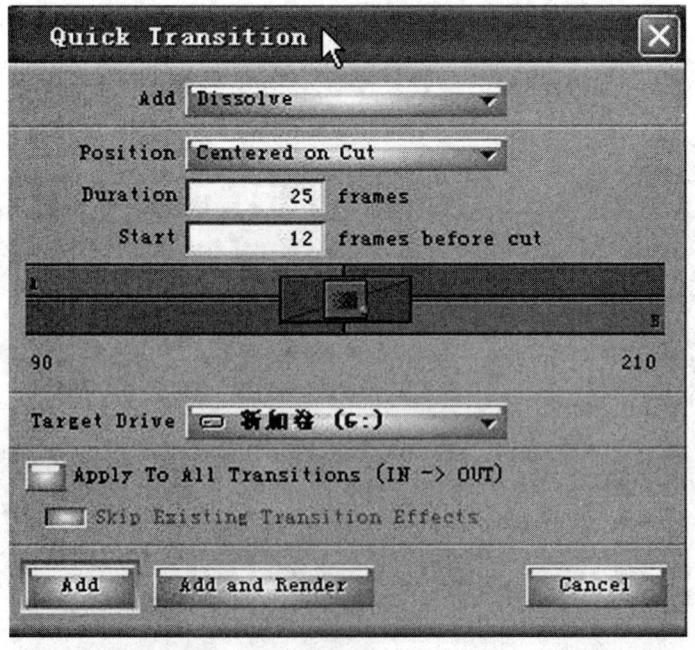

图8-53

步骤三:选择转场特技类型。

图 8 – 54

步骤四:用鼠标拖动转场特技图例,调整转场特技的相对位置。

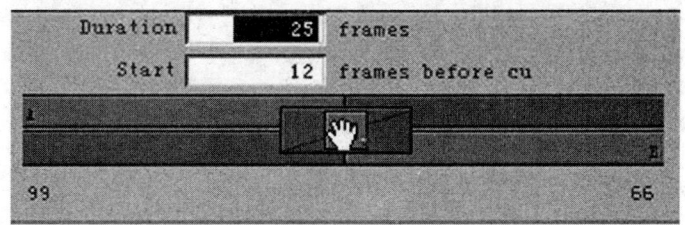

图 8 – 55

需要说明的是,素材 A 的出点后与素材 B 的入点前应有用于叠化的足够素材;没有足够的源素材提供该特技使用时,会打开一个对话框,说明源素材不足的源是"素材 A"还是"素材 B",并提示自动调整特技大小以适合媒体。A 的出点后与的 B 入点前的素材为相同内容(初学者习惯将一段素材切断后立即添加渐隐特技以制造两者的叠化),此时添加渐隐特技没有效果。素材 A 与 B 要实现相互叠化而又没有多余的素材时,将 A 与 B 分为两轨交叠放置,应用渐隐特技或头部、尾部渐变特技。

步骤五:调整转场特技的时间长度。时间长度的调整可以通过直接设置值(Duration)来实现,也可以用鼠标在图例上直接拖动。

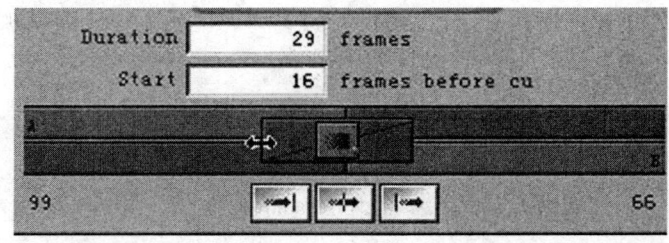

图 8 – 56

步骤六:单击 Add and Render 按钮确认。

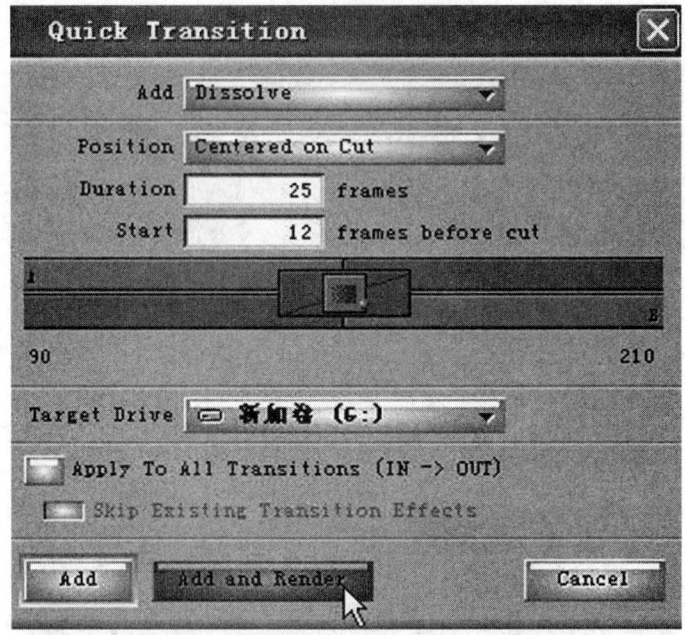

图 8-57

步骤七:时间线上会出现设置的转场特技图标,按播放键可观看效果。

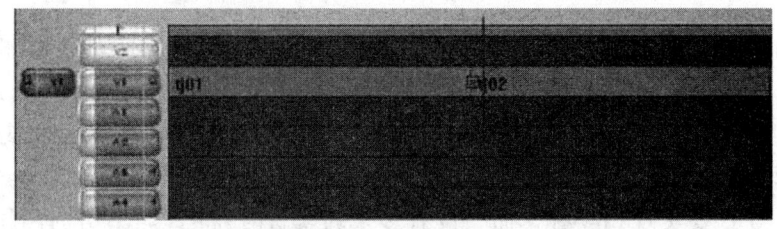

图 8-58

步骤八:打开特技编辑器可以改变过渡的颜色、持续时间等。淡入(Fade from Color)、淡出(Fade to Color)、闪 ▨ (Dip to Color)这几种转场特技都可以通过(添加快速过渡按钮)应用来实现,无需使用"特技选择板"。其他的划像特技可以在"特技选择板 ▨ "选择,然后拖拽到时间线上的相应的位置。

头部渐变 ▨ 与尾部渐变 ▨ 按钮与黑场配合可以实现画面声音淡入淡出效果。

2. 将快速过渡特技应用于多个过渡

在要添加特技的过渡周围标记"入点和出点";对于要添加特技的轨道,确保该轨道被选中；单击快速过渡按钮，调整好参数；选择应用于所有过渡（输入→输出），Apply to All Transitions(IN→OUT)。特技选择面板中的许多特技既是过渡特技又是片段特技，放置在两个素材片段之间时作为过渡特技使用，放置在片段中则作为片段特技使用。

（1）将特技应用于多个过渡

● 通过选择界面风格→特技编辑界面进入"特技"时，单击要应用特技的第一个或最后一个过渡。

● 在时间线上方单击，然后开始拖动以激活选择框。继续向左下或右下拖动以将其他过渡包含在选择中。

● 框住所有想要的过渡后，释放鼠标按钮。选中的过渡加亮显示，位置指示器移动到第一个过渡。

● 如果要应用特技的多个过渡不是连续的，按住"Shift"并单击任一过渡以取消选择。

● 在特技选择板双击要应用于过渡的特技图标。应用程序将特技应用于时间线中加亮显示的过渡。

（2）特殊效果：Picture-In-Picture（画中画）

在时间线上的 V1 轨和 V2 轨放置相应的素材。

背景（V1 轨）　　　　　　　　　　　背景（V2 轨）

图 8 - 59

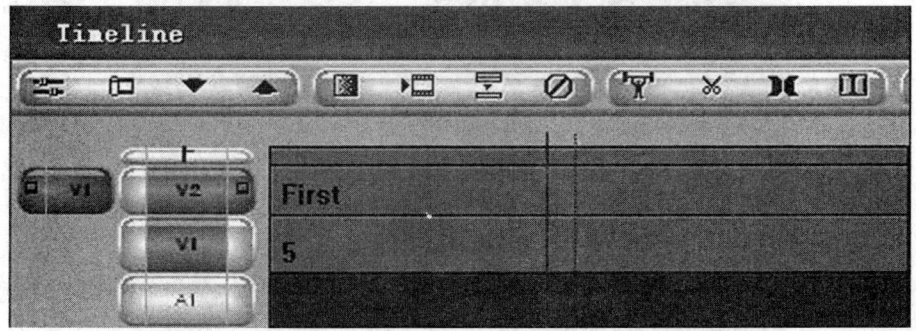

图 8 - 60

打开特技面板,选择需要添加的特技(如 Picture-In-Picture 画中画),拖动选择特技到时间线上的素材片段。

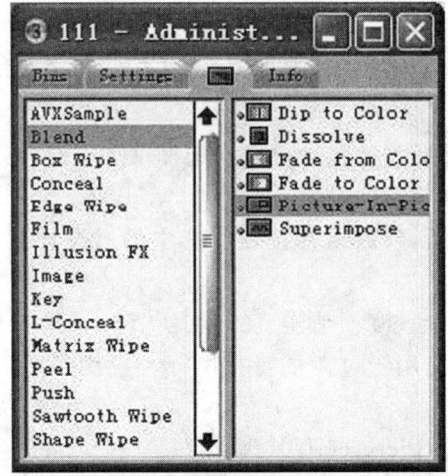

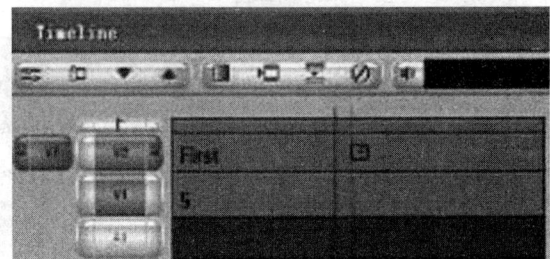

图 8-61

(3) 录制窗口中实时显示添加特技后的效果

图 8-62

（4）单击时间线上的特技编辑按钮，可进入特技编辑模式，如图 8-63 所示

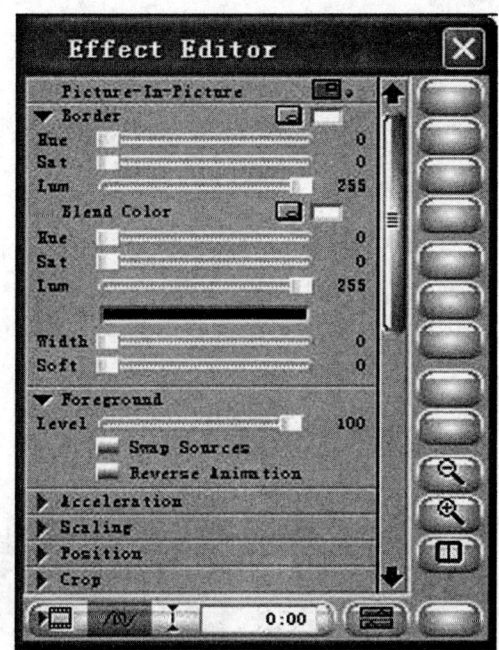

图 8-63

特技参数随特技类型的不同有所不同，以画中画（Picture-In-Picture）特技为例，主要参数有边框粗细及颜色设置，前景透明度设置，前景比例及位置等。

边框设置

边框设置包括边框线的宽度、颜色及柔和度等内容。边框颜色设置中包括色调、饱和度和亮度设置。

叠加程度设置

Foreground 中的 Level 参数可设置前景图像的叠加程度（即透明度），选中 Swap Sources 可交换前景和背景内容，选中 Reverse Animation 可使设置的关键帧序列按反向顺序排列，从而影响设置的运动效果。

大小、位置

Scaling 中的 Wid 和 Hgt 可设置前景图像的宽度和高度，选中 Fixed Aspect 保持图像的原有比例，改变一个参数值，另一个参数也随之改变。取消 Fixed Aspect 可分别调整图像的宽度和高度。Position 可设置前景图像在显示屏中的位置。

裁剪设置

Crop 中的四个参数用于设置前景图像的可视部分，可从上、下、左、右四边进行裁剪。

● T：控制画面顶部删除部分。数值范围 0～999，0 是屏幕顶部，500 是中间，999 是屏幕底部。

● B：控制画面底部删除部分。数值范围－999～0,0 是屏幕顶部，－500 是中间，－999 是屏幕底部。

● L：控制画面左部删除部分。数值范围 0～999,0 是屏幕顶部，500 是中间，999 是屏幕最右边。

● R：控制画面右部删除部分。数值范围－999～0,0 是屏幕顶部，－500 是中间，－999 是屏幕最左边。

扣像：Chroma Key（色键）

色键是利用图像信号中的色度分量来进行键控，将图像中的某种颜色部分（色键背景）抠出来，并用另一图像代替。色键也称抠像（如图 8－64 所示）。其中，被抠去色键背景剩下的图像画面叫键画面，而往里套入代替色键背景的图像画面叫插入画面。

键画面一般是人或物，背景为一深色高饱和度的单色幕布。人、物的颜色应与单色幕布不同或饱和度低。单色幕色的颜色尽量与人的肤色有较大的差别。目前用得最多的是蓝色和绿色。

前景图像

背景图像

图 8－64

合成图像

图 8－65

步骤一，在时间线上的 V1 轨和 V2 轨放置相应的素材。

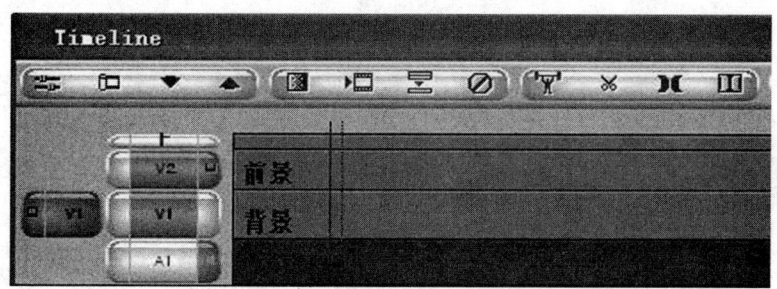

图 8-66

步骤二,打开特技面板,选取 Key(键)类型中的色键(Chroma Key),用鼠标拖至前景素材段。

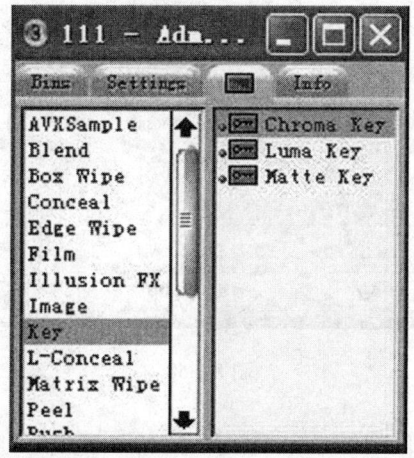

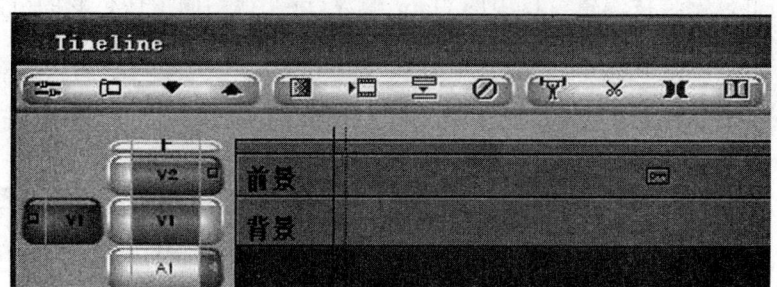

图 8-67

步骤三,单击时间线上的特技编辑按钮(如图 8-68 所示),打开色键特技编辑窗口。

图 8-68

步骤四，选取前景图像的抠像颜色，录制窗口内显示合成后画面效果。（如图 8-69）

步骤五，调整色键特技编辑窗口中的 Gain 参数，可获得不同抠像色彩的范围。

步骤六，调整 Soft 值用来控制抠像边缘的柔和程度。

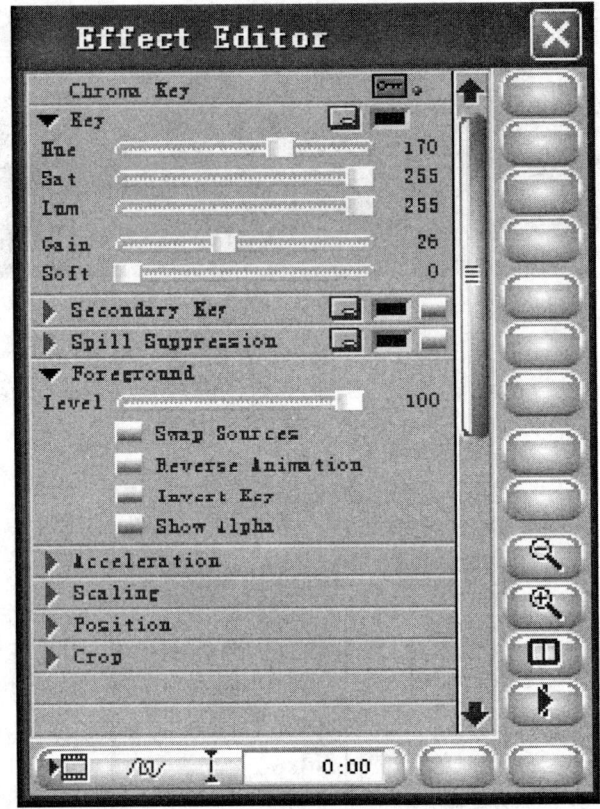

图 8-69

第五节　　添加字幕

字幕是电视屏幕上具有独立表意功能的视觉元素之一,在电视节目中被广泛使用。可以说,每部电视片都有字幕,字幕是用文字符号说明电视片的内容、增强画面信息的手段,是电视片风格样式的一部分,也是一部电视片的门面。因此,在设计字幕时,字幕文字的字体、大小、位置、编排、颜色、图文的配置和停留时间等,要根据节目内容的整体基调来设定,以适应内容的需要和屏幕的特点,使文字取得最佳视觉效果。字幕运用得恰当与否,直接关系着观众对一部电视片的直观感受,是不可忽视的重要一环。

一、制作字幕

1. 打开字幕工具

如果计划在视频画面上添加字幕,通常是把位置光标停在时间线上的那个画面上,然后再打开"Title Tool"字幕工具。这样,该画面就会在字幕工具中作为背景来显示。要打开字幕工具,从"Clip"菜单中选择"New Title"(新字幕),字幕工具打开后会看到字幕窗口。可以把把菜单命令设置到键盘按钮上,而且也可以把"Title Tool"字幕工具设置到"Shift+T"键上,也就是可以直接按键盘上的"Shif+T"键来打开字幕工具。(如图 8-70)

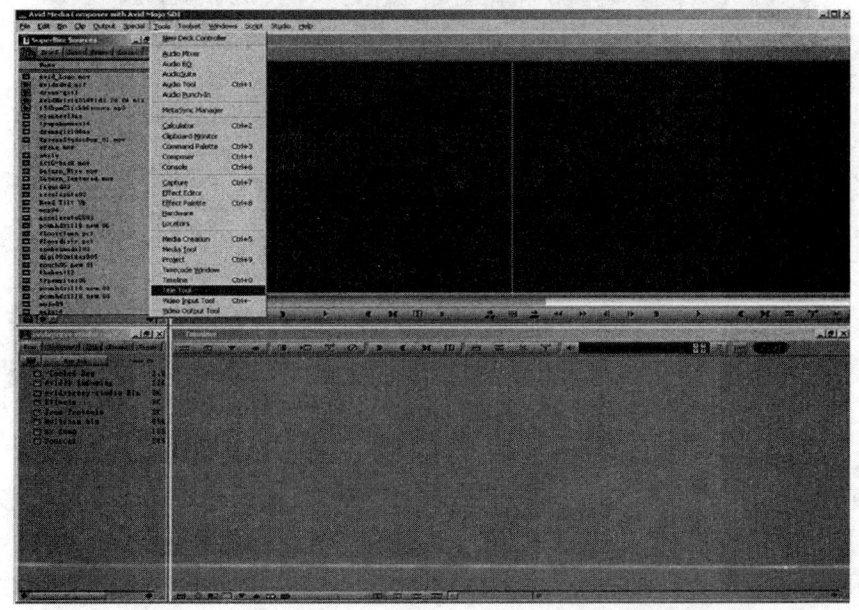

图 8-70

2. 字幕工具窗口介绍

(1) 字幕安全框

字幕窗口分画面和工具按钮两大部分。画面部分有两个虚线框,外边的叫**画面安全框**,里边的称作**文本安全框**。由于电视设备的限制,通过计算机制作的画面并不能完全在电视机上看到,画面边缘大约10%的画面是不可见的,所以画面安全框只占全画面的90%左右,它表示当画面内容处于这个范围内时,在电视或视频显示器上才是可见的,否则即使在计算机屏幕上可以看到,当画面放到电视上时,这些内容会处于边框之外。

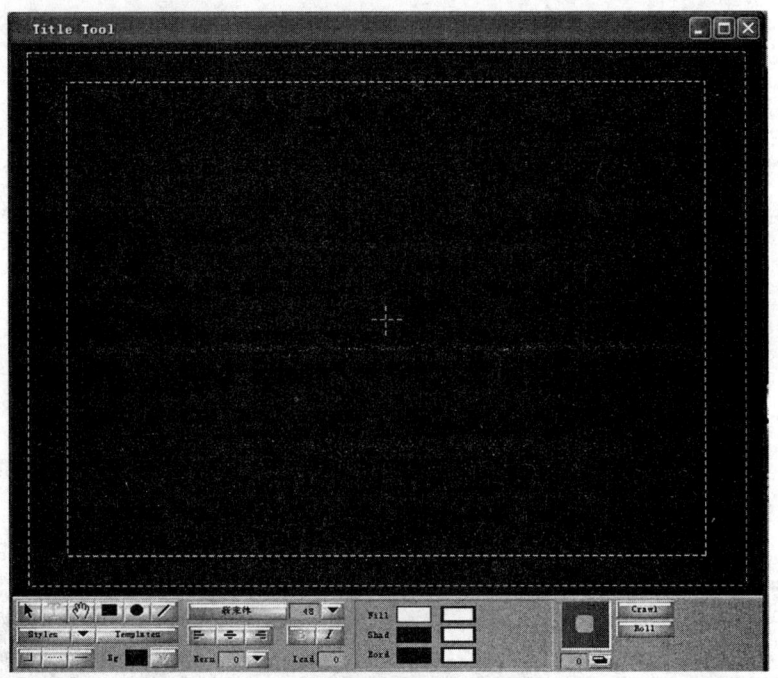

图 8-71

(2) 工具介绍

图 8-72

在工具窗口中,左半部分有选择按钮、文字输入、移动按钮、画正方形和长方形、**画圆和椭圆**、画线工具,字幕的字体、改变字的大小、字体位置选择、居左、居中、居右、加粗字、**斜体字**、图形的边角圆滑程度、边框的有无、边框的粗细、可选择的背景颜色、打开或关闭背景画面、字体之间间隔大小、行距之间间隔大小;中间部分有字或图形的填充色、字或图形的**透明度**、阴影颜色、阴影透明度、字或图形的边缘颜色、边缘的透明度;右半部通过鼠标拖拽,可以改变阴影的方向,可以改变阴影的大小,制作水平滚动字幕、制作垂直滚动字幕。

3. 字幕制作

步骤一:打开字幕制作窗口,进入字幕制作界面。

步骤二:选择文字输入工具,按下"T"字键。单击画面中任意位置,将会出现闪烁的文字输入提示符,可以从该位置输入中英文文字,按回车换行。

步骤三:单击选择按钮,字幕呈现选中状态,字幕四角有选中框出现。这时可用鼠标拖动字幕在屏幕上移动字幕的位置。

图 8-73

步骤四:利用文本编辑工具,可以设置字幕的字体、大小、对齐方式、字距与行距等。

5. 制作衬底的字幕

步骤一:打开字幕工具,进入字幕编辑界面。

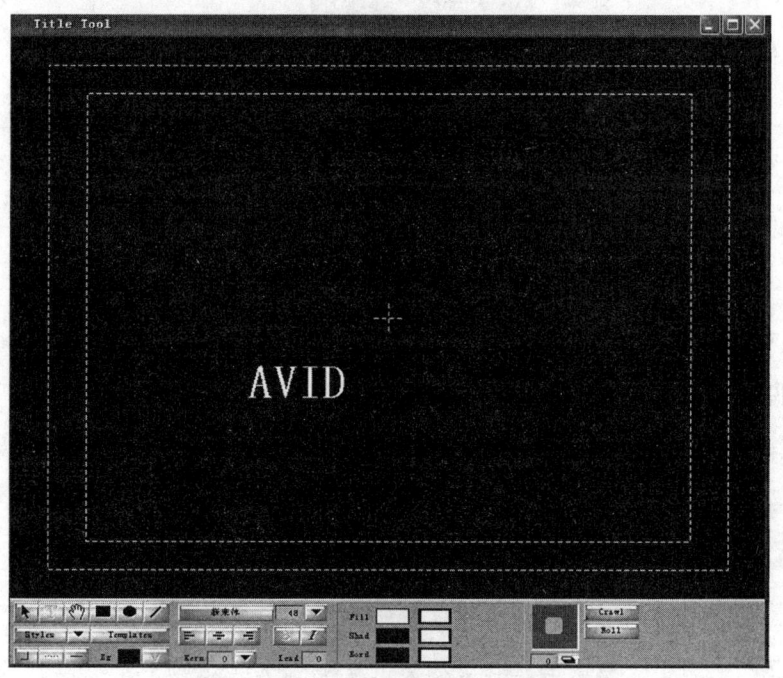

图 8-74

步骤二:选择矩形绘制工具,在画面中绘制矩形衬底。

图 8 - 75

步骤三:设置矩形四角的圆滑程度。

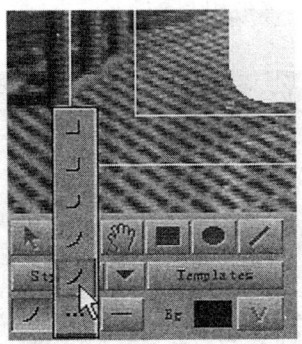

图 8 - 76

步骤四:设置矩形填充色。

图 8 - 77

步骤五:设置矩形的透明度。

图 8-78

步骤六:在透明矩形衬底上添加编辑文字。

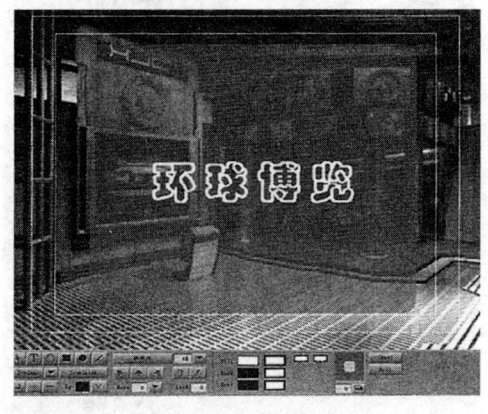

图 8-79

二、制作滚动字幕

许多影片结尾的演职员字幕通常是以长长的滚屏出现的。做这样的字幕并不难,较难理解的是字幕片段在时间线上的长度决定了其滚动的速度。如果希望滚动的速度快一些,那就把字幕片段缩短一些,而如果要滚动慢一些,就要在时间线上将其延长一些。

步骤一:将制作好的字幕放到时间线上,并将播放头蓝色标志线移到字幕的任意一帧,选择字幕片段,单击特技编辑按钮。(如图 8-80 所示)

图 8-80

步骤二：打开字幕特技编辑窗口（如图 8-81 所示），主要参数有字幕的透明度、大小、位置及裁剪设置。

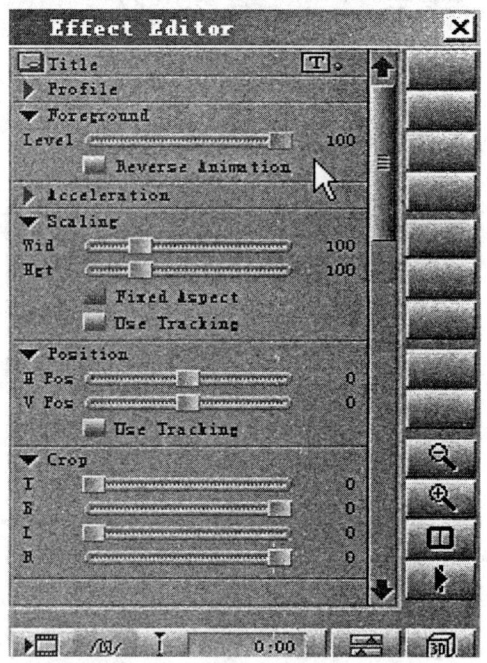

图 8-81

步骤三：设置字幕的运动方式。在特技效果模式下，节目窗口会变成仅仅包含特技效果持续范围，在素材段的开头和结尾处会有关键帧标记（如图 8-82 所示）。设置关键帧的位置、大小比例及透明度，可产生字幕缩放、左右移动等运动效果。

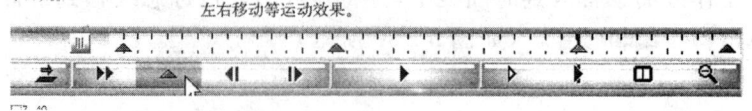

图 8-82

第六节 节目输出

当一个节目完成编辑、字幕、特技以及音频等处理后,最后一个重要环节就是输出。在输出前应生成所有的非实时特技。最终的节目输出可利用软件提供的不同选项产生多种格式的输出。

一、输出到磁带

步骤一:在序列中渲染所有非实时效果。
步骤二:通过加速器或直接通过 1394 火线接口连接录像机。
步骤三:选定需要输出序列中的相应视音频轨道。
步骤四:选择 Clip ▶ 菜单中的 Digital Cut 项准备输出到磁带。
步骤五:单击按钮可将节目序列录制到磁带上,单击停止按钮停止录制。在录制过程中也可按键盘上的空格键停止录制。

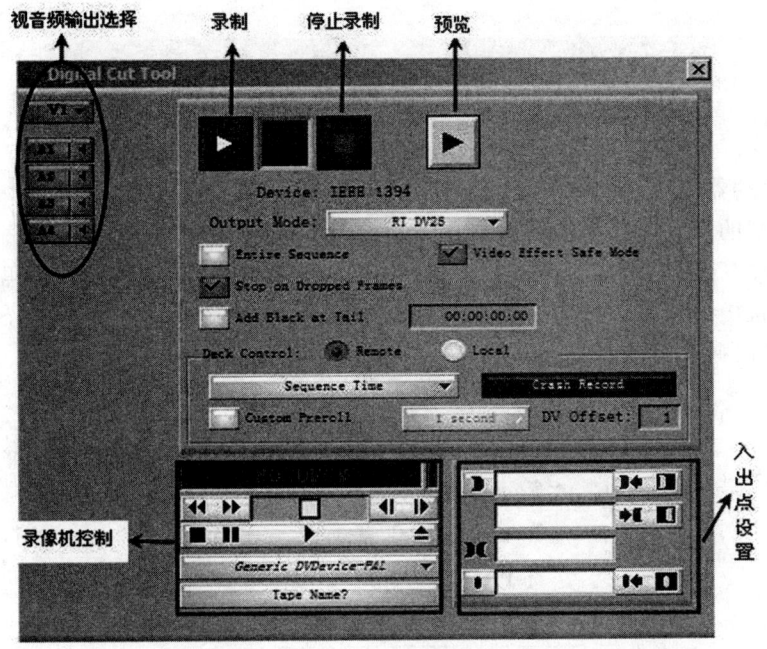

图 8-83

二、输出界面的选项设置

Entire Sequence(整个序列):如果希望系统忽略任何"入"点或"出"点并从头到尾播放整个序列,请选择"整个序列"(Entire Sequence)选项。如果已经为采集部分序列建立了"入"点、"出"点,或两点都建立了,请取消选择"整个序列"(Entire Sequence)选项。

● Video Effect Safe Mode(视频特效安全模式):单击"效果安全模式"(Effect Safe Mode)按钮(默认情况下选中),让系统给出有一个效果需要渲染的通知。

● Stop on Dropped Frames(在丢帧时停止):出现丢帧的时候停止输出。

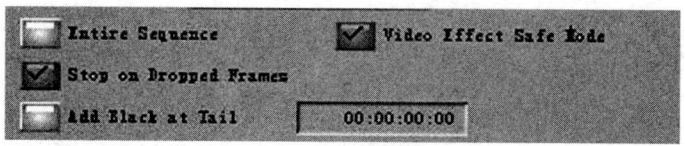

图 8-84

● Add Black at Tail(在结尾添加黑场):输入时间码,再输出到磁带的结尾添加黑片。

● Deck Control(磁带驱动器控制):可选择以"远程"(Remote)模式或以"本地"(Local)模式输出。"远程"(Remote)模式是有在有遥控的情况下使用,如果没有遥控使用"本地"(Local)模式。

图 8-85

在"磁带驱动器控制"(Deck Control)选项区域单击弹出菜单,然后选择一个选项,指示磁带上开始录制的位置。这个设置只能在"远程"(Remote)模式下使用。

● Sequence Time(序列时间):从磁带上现有时间码与序列中开始时间码匹配的位置开始采集。如果希望一个接一个将几个序列录制到磁带上,则此选项要求在每个序列中重新设置开始时间码,以便匹配磁带上相应的"入点"。

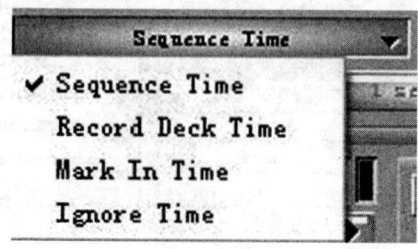

图 8-86

● Record Deck Time（记录磁带驱动器时间）：忽略序列的时间码，按磁带当前的时间码进行录制。

● Mark In Time（入点标记时间）：忽略序列时间码，在采集磁带上建立一个特定的"入"点，按这个"入"点进行录制。

● Ignore Time（忽略时间码）：不录制时间码到磁带上。

单击弹出菜单，然后选择"插入编辑"（Insert Edit）或"组合编辑"（Assemble Edit）及"硬录"（Crash Record）。

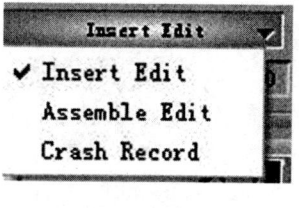

图 8-87

三、输出为 AVI

步骤一：单击菜单 File 下的 Export 项，打开输出对话框。

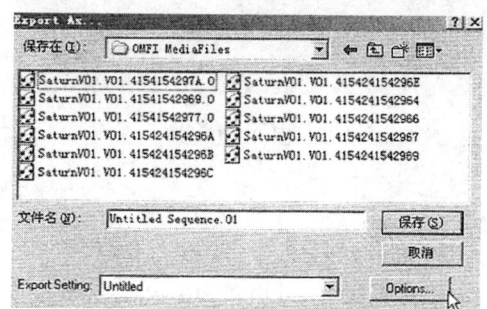

图 8-88

步骤二：单击 Options，打开参数设置对话框，在文件类型下拉式菜单中选 AVI，设置 AVI 文件格式。

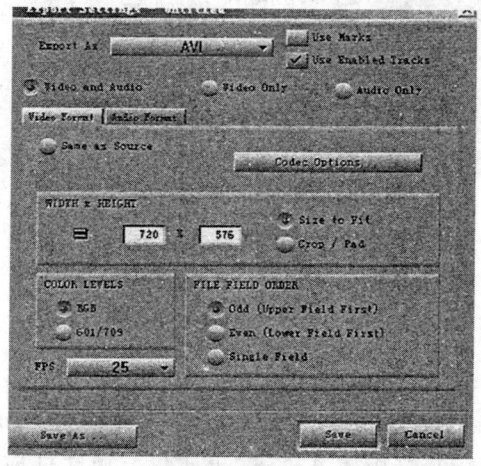

图 8-89

步骤三：设置音频格式。

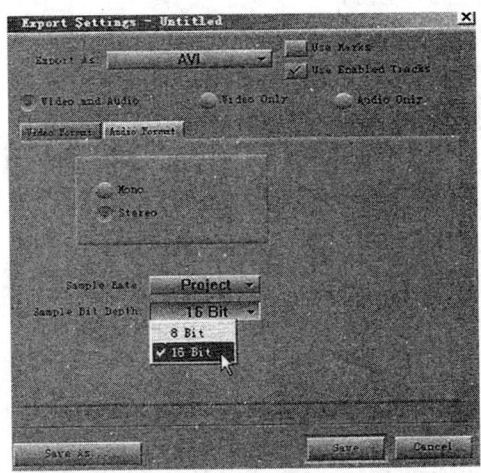

图 8-90

四、输出为 QuickTime 电影

步骤一：在输出文件类型中选择 QuickTime Movie。

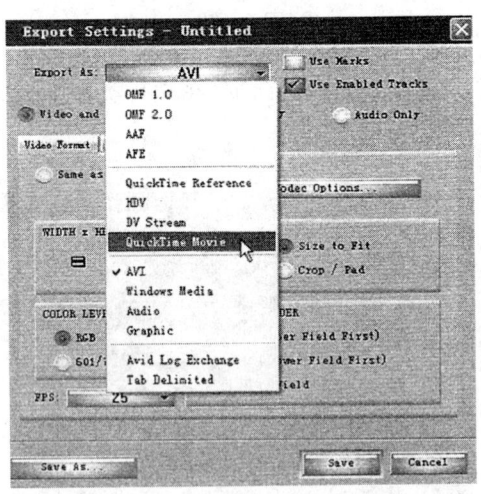

图 8-91

步骤二：设置 QuickTime Movie 文件格式。默认选项为 Same as Source（和原文件相同），这种方法速度较快，直接复制媒体文件，输出质量与源文件质量一样。如果有特定的文件格式要求，则要选择 Custom（自定义）选项进行自定义设置，系统将解压缩文件并对其进行处理，然后再以要求的清晰度压缩文件。这种方法速度较慢并且会降低质量。

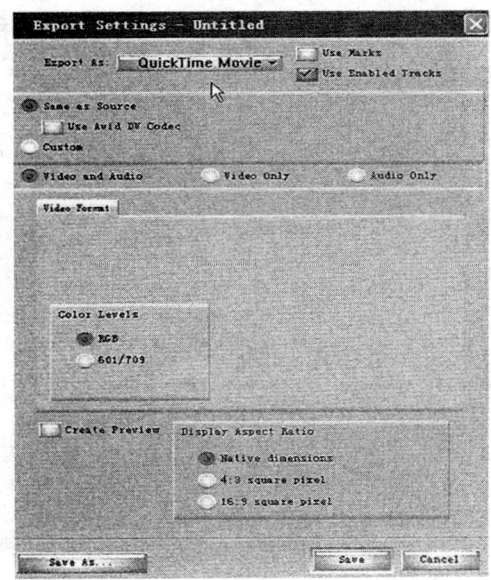

图 8-92

五、输出为静帧

Avid 非线性编辑系统不仅能够输出各种类型的影片,还可以输出多种形式的图片。这在某些场合显得尤为重要。

步骤一:在时间线上打开一个序列,在需要导出的位置上设置一个入点。从文件菜单"File"中选取"Export…"(导出成…)窗口打开。

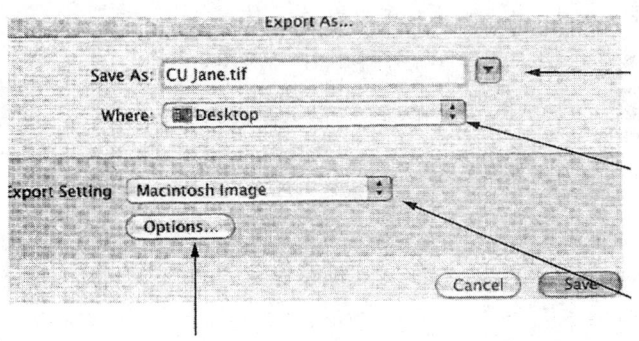

图 8-93

步骤二:输入文件名,选择存储路径,选择导出设置(选 Image 图片)。
步骤三:点击"Options"选项按钮弹出导出设置窗口。

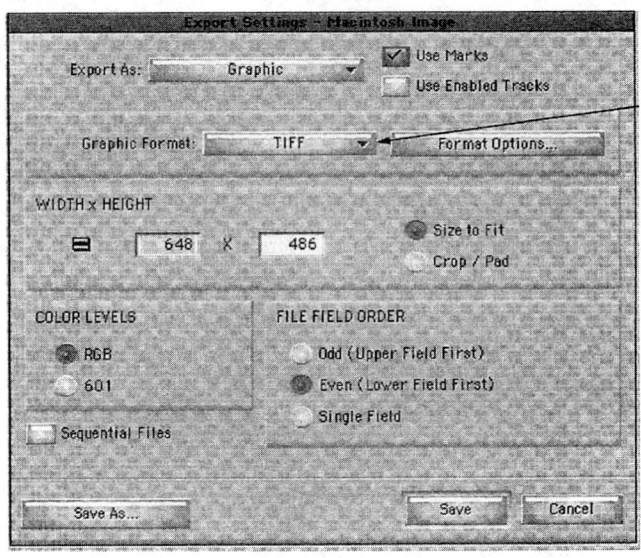

图 8－94

步骤四：在"Graphic Format"（图片格式）中选择所要输出图片的格式、确定图片尺寸大小、"RGB"颜色层次。

步骤四：按下保存按钮，图片存储到所指定的路径中。

思考题

1. 试一试改变一下窗口，设计一个自己喜欢的窗口形式。
2. 采集一段视频，存放到自己的素材箱里。
3. 简单编辑练习，入点、出点设置，添加删除素材。
4. 给所选素材添加不同的特技，看看都有什么效果。
5. 制作字幕，改变一下字幕的大小、颜色、字体等。
6. 如何将已编辑好的节目输出到录像带上。
7. 学会制作 DVD 光盘。

实训篇

第九章 实 验

实验一 初识 Premiere Pro 基本界面及操作

一、实验目的

通过对 Premiere Pro 非线性编辑系统的界面及其基本功能的系统介绍,使学生对 Premiere Pro 非线性编辑系统的各工作窗口、菜单的应用有个大概的了解。根据影视非线性编辑的操作流程,重点掌握影视非线性编辑的基本操作。

二、实验预习要点

主要菜单栏、项目窗口、监视器、时间线、特效面板等工作窗口的应用。

三、实验设备及相关软件

硬件:PC、板卡、接口、监视、录放像机等。
软件:Premiere Pro CS4 非线性编辑系统。
Premiere 非线性编辑系统自推出以来就以其广泛的编辑功能受到人们的广泛喜爱,而 Premiere Pro 非线性编辑系统是 Adobe 公司在 Premiere 非线性编辑系统之后的升级版本,其功能更为完善,形式更为合理,使用更为便捷。

四、实验基本理论

Premiere Pro 全新的界面设计,活动窗口更加人性化的设计,操作者可以根据工作需要和个人喜好自由设置所有面板的位置、大小、模块以及模块中按键数量、布局,任意摆放界面。界面摆放、模板设置、活动窗口等记忆功能使得系统可以根据登陆的不同用户,提供该用户上次退出时的历史工作界面及编辑环境等等。

1. 主菜单介绍

在 Premiere Pro 中,菜单栏为编辑工作提供一般的操作和属性设置。它由文件、编辑、项目、素材、序列、标记、字幕、窗口和帮助菜单组成。

打开它们的子菜单,会发现有些命令后面附有组合快捷键提示,使用快捷键操作可以提高工作效率。

2. 主要窗口介绍

(1) 项目(Project)窗口

项目窗口是素材文件的管理器,首先将所需的素材导入其中,再进行管理操作。

将素材导入至项目窗口后,将会在其中显示文件的名称、类型、长度和大小等信息,并在窗口的上方显示选中素材的缩略图及其基本信息。

(2) 监视器(Monitor)窗口

监视器窗口是用来播放素材和监控节目内容的窗口,主要分为源监视器和节目监视器。监视器窗口不仅用来播放和预览,还可以进行一些基本的编辑操作。

(3) 时间线(Timeline)窗口

时间线窗口是装配素材片段和编辑节目的主要场所,素材片段按时间的先后顺序及合成的先后层顺序在时间线上从左至右,由上及下排列,可以使用各种编辑工具在其中进行编辑操作。

(4) 信息(Information)窗口

信息窗口显示选中元素的基本信息,如果是素材片段,显示其持续时间、入点和出点等信息。信息显示的方式完全取决于媒体类型,当前窗口等要素。显示的信息对于编辑工作可以起到很大的参考作用。

(5) 历史(History)窗口

历史窗口记录了从建立项目开始以来进行的所有操作,如果在执行了错误操作后,可以单击历史窗口中相应的命令,以返回到错误操作前的某一格状态。

(6) 媒体浏览(Media Browse)窗口

媒体浏览窗口可以浏览本地硬盘以及外置设备上的所有 Premiere 支持的文件,便于用户查找、分类和浏览相应的素材文件。并可以通过源监视对文件进行预览,通过拖拽可以直接将文件导入项目窗口。

(7) 效果(Effects)窗口

效果窗口中包含了大量的转场和特效,可以使用拖拽或其他方式为序列中的素材施加转场和特效。在效果控制窗口或时间线窗口中,可以对效果进行控制,并创建动画,并对转场的具体参数进行设置。

(8) 工具箱(Tools)窗口

工具箱中包含各种在时间线窗口中进行编辑的工具。一旦选中某个工具,鼠标在时间线窗口中便会显现出此工具的外形及其相应的编辑功能。

3. 影视制作基本流程

(1) 建立一个新项目,设置项目视频和音频的属性

(2) 导入素材

所谓"素材"是指未经剪辑的视频、音频片段,是影像编辑的最小单位,它包括视频素材、

音频素材和字幕素材,还包含静止图像素材和运动素材等各种具体格式。

（3）编辑素材

这是制作影片过程中最重要也是最复杂的一环,它包括在时间线窗口与监视器窗口中对素材进行切割、复制、移动等剪辑操作;在时间线窗口中为素材添加效果;在字幕设计器中制作字幕等,Premiere Pro 强大的编辑功能为人们带来了广阔的自由发挥空间。

（4）输出影片

素材片段在 Timeline 窗口中进行了各种编辑制作后,需要将其输出到特定的介质或区域当中。在 Premiere Pro 中可以将视频输出到录像带、Internet、光盘上或者输出静止图像。

五、实验内容与步骤

1. 实验内容

熟悉窗口和菜单及常用功能键的使用。

2. 实验步骤

● 双击快捷键进入主界面。

● 根据欢迎窗口建立自己的项目文件和格式,确立保存位置和文件名。

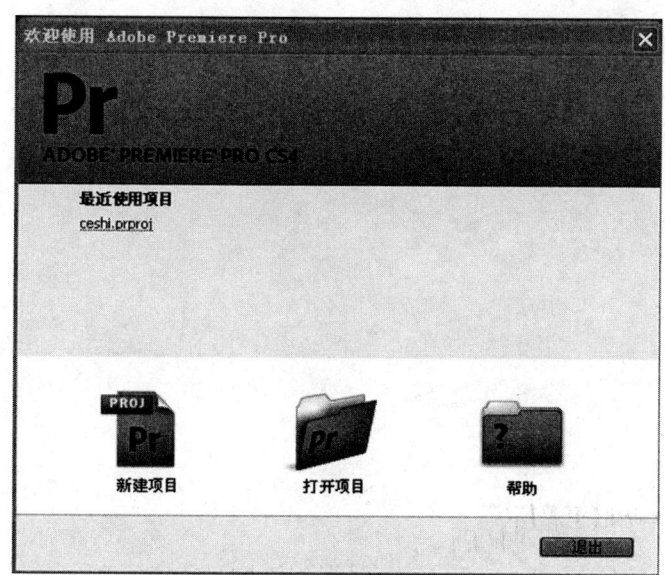

图 9-1

- 打开文件菜单,选择窗口菜单,根据个人爱好,调整窗口布局。

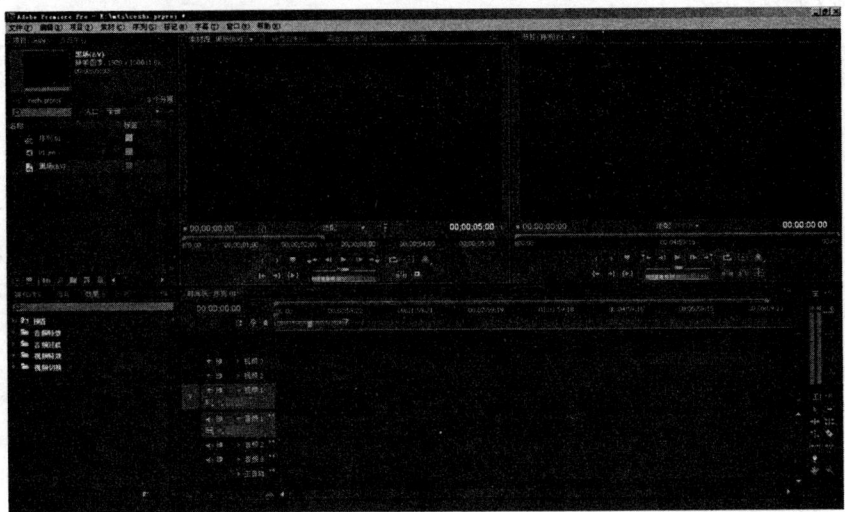

图 9-2

- 根据实验理论对 Premiere 的各个菜单进行了解。
- 根据实验理论对 Premiere 的各个项目窗口进行了解。

实验二　素材的采集、导入与管理

一、实验目的

通过实验熟练掌握将摄像机拍摄回来的素材采集到非线性编辑系统中的采集技术。
通过实验熟练掌握将素材盘中的素材导入到非线性编辑系统中的素材导入技术。
通过实验熟练掌握如何在非线性编辑系统中管理素材。

二、实验预习要点

素材的基本概念、素材的类型、素材的格式、素材的采集界面与设置。

三、实验设备及相关软件

硬件：DV摄像机、录像机、监视器、非线性编辑硬件系统。
软件：Premiere Pro非线性编辑系统。

四、实验基本理论

　　节目编辑之前，需要先把录像带或DV设备的素材上载到系统的硬盘中，视频采集分两种情况，一种是采集数字视频，另一种是采集模拟视频，它们的原理不一样。数字视频是使用DV数码摄像机拍摄的数字信号，由于它本身就是采用二进制编码数字信息，而电脑也是使用数字编码的方式来处理信息，所以只需要将视频数字信号直接传输到电脑中保存即可。模拟视频是使用模拟摄像机拍摄的模拟信号，它是一种电磁信号，在采集的时候通过播放解码成图像，再将图像编码成数字信号保存在电脑中。相对于数字视频而言，模拟视频的采集编码过程要复杂一些，对硬件的要求更高，而且效果比数字视频差，所以正被数字视频所取代。

　　通过采集，也就是素材上载过程，将原来存储在录像带或其他媒介上的内容变成了一个个数字视音频素材文件。系统支持手动采集和自动采集。支持的信号模式（输入通道）有复合输入、Y/C输入、DV1394。

　　1. 素材的基本概念

　　素材是指用于制作的原材料。在影视制作方面，它是指为影视制作所用的一切图像（包括动态的和静止的，如拍摄影像素材、动画素材、平面素材等）及声音（包括语言、音乐、音效等）。素材的狭义解释就是用摄像机拍摄的用于制作影视的影像和声音。

　　2. 素材的格式

　　虽然素材无所不及，只要是视觉的或是听觉的都可以，但运用到软件中一般都以一定的格式存在。不同的软件所支持的格式是不同的,如果软件不是很先进的话,其所支持的格式一般比较少,故在其素材的选择性方面就会受到很大的局限。相对来说,Premiere Pro 是经过升级的非线性编辑系统软件,其兼容性很好,其所支持的素材格式也比较多。

Premiere Pro 支持导入的视频格式有 avi、mpg 等;Premiere Pro 支持导入的音频格式有 mp3、wav 等;Premiere Pro 支持导入的图像格式有 jpg、bmp、tip、gif、psd 等。

3. 素材采集界面与设置

在 Premiere Pro 系统中,可以在【文件】下选择【采集】(或用快捷键 F5)弹出采集面板。

窗口显示录像带图像,在窗口下是一排播放工具按钮,可对素材进行采集、播放、搜索、设置入出点,把素材直接放置到预监窗口、添加到素材库;右边的采集设置区中用户可以设置采集路径名、文件名;对于批采集,右下端是批采集表,批采集表可以设置名称、入点、出点、状态、路径等多项细则。有一些功能按钮,增加删除 Mark 点、添加、删除、修改、保存任务,任务提前、拖后、导入、保存批采集表。窗口中有多项设置和功能按钮,可根据不同需求选择使用。

采集是在任何情况下都可以使用的最简单的采集方法,对于不支持 Premiere Pro 设备控制的摄像机机型,则只能使用手动采集的方式。

在记录(Logging)标签下的设置(Setup)栏中选择采集素材的种类为视频(Video)、音频(Audio)或音频和视频(Audio and Video),并在设置(Settings)标签下的采集位置(Capture Locations)栏中,对采集素材的保存位置进行设置。

点击摄像机上的播放按钮,播放并预览录像带。当播放到欲采集片段的入点位置之前的几秒钟时,按下控制面板上的录音按钮,开始采集,播放到出点位置后几秒钟的位置,按 Esc,停止采集。

在弹出的 Save Captured File 对话框中输入文件名等相关数据,点击"OK",素材文件被采集到硬盘,并出现在项目窗口中。

4. 导入素材

Premiere Pro 除了通过采集和录制的方式获取素材,也可以直接将素材硬盘和外置存储设备上的素材文件导入项目窗口,调入时间线窗口进行编辑。对于外部存储设备中的素材最好先复制到本地硬盘。

双击项目窗口空白处或者选择文件菜单的导入项,出现导入对话框。

图 9-3

在对话框中,选择相应的路径下的文件,然后点击"打开"按钮,即可导入需要的单独的音视频素材。

如果需要导入多个文件可以在按住"Ctrl"键的同时,用鼠标左键单击选中需要的各个素材,然后再点击"打开"按钮。

如果需要导入连续多个文件可以在选择第一个文件后,按住"Shift"键的同时,用鼠标左键单击最后一个素材文件,然后再点击"打开"按钮。

五、实验内容与步骤

Premiere Pro 系统支持 RS 422 和 IEEE 1394 控制协议。录像机处于遥控模式,或 1394 接口设备都可控制。遥控采集状态下,可直接用采集界面上的各个按钮对录像机进行控制。

开始采集之前,要设置采集素材的素材格式、文件名、存储路径等,根据 Premiere Pro 素材库的特点,要求在视频素材硬盘上建立相关的文件夹,再到 Premiere Pro 里配置该文件夹,使各种素材都能自动存储到相对应的文件目录下,避免多次导入素材的烦琐操作。

1. 实验内容:素材采集与管理

将 DV 摄像机拍摄到的素材根据新闻编辑的需要通过 Premiere Pro 的 Capture(采集)窗口分为若干段采集到电脑上,总时间为 30 分钟。将所有采集下来的段素材导入到 Premiere Pro 中,进行新闻素材的管理,为新闻素材的编辑做准备。

素材来源:可以由教师提供录像带,也可以安排学生先行拍摄,还可以边拍摄边采集。

2. 实验步骤

● 用 1394 线连接数码摄像机(录像机)与电脑;
● 打开摄像机(录像机)电源;
● 将摄像机(录像机)转至播放模式,此时,电脑中将显示接入 DV 设备;
● 如要采集正在拍摄的画面,可以将摄像机状态设置为拍摄模式;
● 如果连接正常,应该在"我的电脑"中发现你的 DV 设备;

● 在 Premiere Pro 系统中,可以在【文件】下选择【采集】(或用快捷键 F5)弹出采集面板如下图。

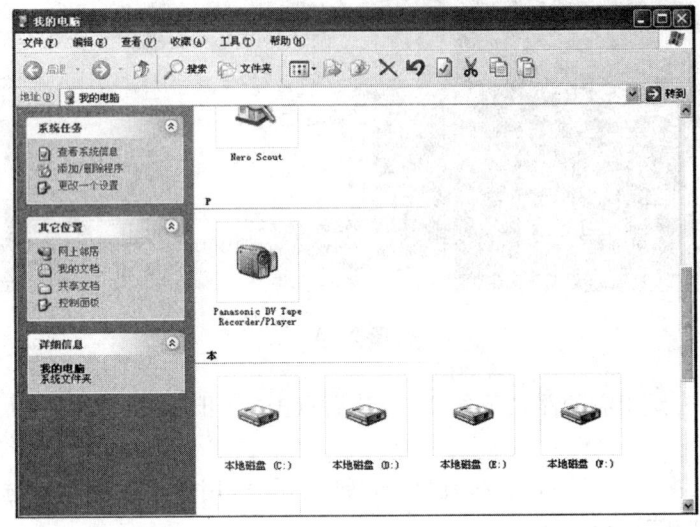

图 9-4

3. 采集素材

在采集前,必须确定将 DV 摄像机(放像机)的电源打开并保证 1394 线连接正常,或录像机各种接口电源连接无误,并设置成 Play 模式。

使用菜单命令"文件—采集"或快捷键"F5",进入到采集界面。

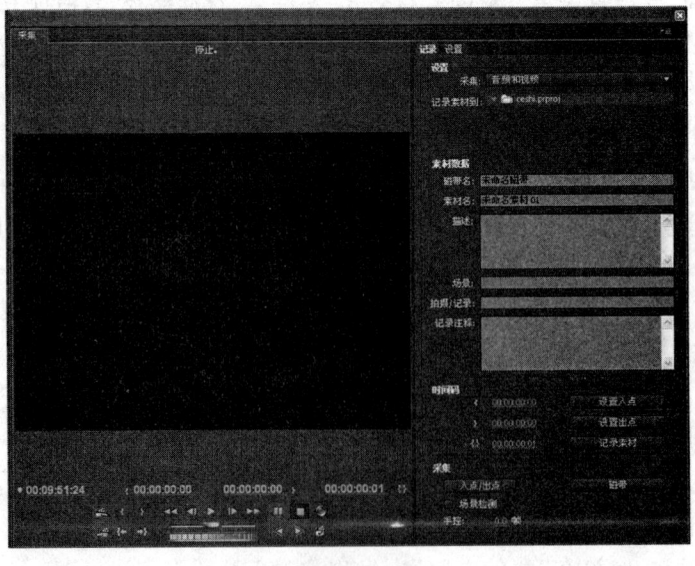

图 9-5

采集是在任何情况下都可以使用的最简单的采集方法,对于不支持 Premiere Pro 设备控制的摄像机机型,则只能使用手动采集的方式。

在记录标签下的设置栏中选择采集素材的种类为视频、音频或音频和视频,并在设置标签下的采集位置栏中,对采集素材的保存位置进行设置。

点击摄像机上的播放按钮,播放并预览录像带。当播放到欲采集片段的入点位置之前的几秒钟时,按下控制面板上的录音按钮,开始采集,播放到出点位置后几秒钟的位置,按"Esc"停止采集。

在弹出的保存已采集素材对话框中输入文件名等相关数据,点击"OK",素材文件被采集到硬盘,并出现在项目窗口中。

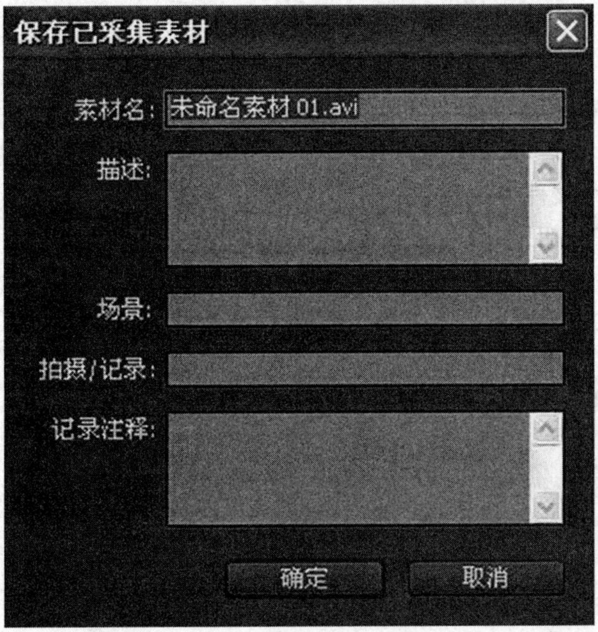

图 9-6

4. 导入素材

Premiere Pro 除了通过采集和录制的方式获取素材,也可以直接将素材硬盘和外置存储设备上的素材文件导入项目窗口,调入时间线窗口进行编辑。对于外部存储设备中的素材最好先复制到本地硬盘。

双击项目窗口空白处或者选择文件菜单的导入项,出现导入对话框。

图 9-7

在对话框中,选择相应的路径下的文件,然后点击"打开"按钮,即可导入需要的单独的音视频素材。

如果需要导入多个文件可以在按住"Ctrl"键的同时,用鼠标左键单击选中需要的各个素材,然后再点击"打开"按钮。

如果需要导入连续多个文件可以在选择第一个文件后,按住"Shift"键的同时,用鼠标左键单击最后一个素材文件,然后再点击"打开"按钮。

实验三　剪辑技术的应用

一、实验目的

熟练掌握选择、移动、切割、删除、复制与粘贴、插入与覆盖、改变素材长度与速度、链接与解链接、禁用与加锁等剪辑技术。

通过实验熟练掌握蒙太奇技法与艺术。

二、实验预习要点

蒙太奇的含义、蒙太奇技法类型、蒙太奇组接技法与镜头组接原则。

三、实验基本理论

影视剪辑是剪辑师对来自各方面的视频音频信息进行剪切、选择、组接等方面的加工处理过程。非线性编辑系统中的影视剪辑，一般包括视音频的选择、移动、切割、删除、复制与粘贴、插入与覆盖、改变素材长度与速度、链接与解链接、禁用与加锁等技术。

随着影视技术、艺术特别是蒙太奇艺术的发展，影视剪辑已不限于技术上的剪和接，而是一种影视艺术的再创造。如果把作为影视基础的剧本看作第一度创作，把在导演指导下的摄制影片视为第二度创作，那么，剪辑就应该是第三度创作，是剪辑师和导演合作最终完成作品的最后一道工序。剪辑师从研究剧作开始便应该介入，掌握剧作的思想内涵和艺术表现特点，紧跟导演，研究导演的分镜头剧本，消化导演阐述的精神。有条件的剪辑师应该跟随拍摄现场，熟悉镜头画面和导演、摄影师对镜头画面的独特的艺术处理，尽早进入创作情境。在剪辑过程中剪辑师一定要充分运用蒙太奇技法，以保证影片的技术、艺术质量。剪辑这门专业，在技术操作上对于初学者来说一学就会，而要想成为一名优秀剪辑师并非易事，需要在实践中认真钻研，刻苦磨炼，熟练地掌握各种剪辑技术、技巧、手法，特别是蒙太奇技法与艺术，不断地提高理论修养，才能适应影视艺术工作实践的需要。

1．时间线应用

熟悉 Premiere 的用户都知道，时间线（Timeline）窗口是 Adobe Premiere 工作界面的核心部分，Premiere Pro 也不例外。在整个影片编辑过程中，大部分的工作是在时间线（Timeline）窗口中完成的。通过它，可以轻松地实现对素材的剪辑、复制、插入、粘贴和调整等操作。

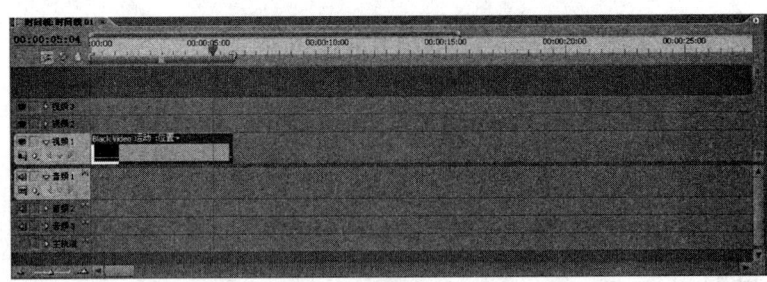

图 9-8

Premiere Pro 中的时间线窗口和以前版本相比所做的改进最大，无论是在界面分布还是在功能上，Premiere Pro 都进行了大幅度的优化调整。

新版本的时间线窗口，其实是一个可以同时包含多个 Sequence 的窗口；在新建页面时，系统只默认一个 Sequence 页面并显示在项目（Project）窗口中，同时可以根据需要在项目窗口中另外建立多个新的 Sequence，这样可以实现同时在一个项目中编辑多段影片的功能，从而大大提高工作效率。

2. 视频轨（Video）

Premiere Pro 中的 Timeline 窗口在默认状态下包括三个视频轨道和三个 Stereo（立体声）音频轨道。

Premiere Pro 中的 Video 1 轨道取消了以前版本中的 A/B 轨编辑模式和 Transition 转场轨道，使视频素材的编辑更加灵活。视频轨道保留了以前版本中的关键帧控制器，单击视频轨道面板中的按钮，在弹出的菜单中可以选择显示关键帧（Show Keyframes）或显示透明控制（Show Opacity Handles）。

如果选择"隐藏关键帧（Hide Keyframes）"命令，则会隐藏关键帧和透明控制线，并且按钮会变为显示状态；显示关键帧（Show Keyframes）按钮，下拉菜单中各选项的具体含义如下。

- 显示关键帧（Show Keyframes）：显示关键帧控制线，以便添加关键帧。
- 显示透明控制（Show Opacity Handles）：显示透明度控制线，以便调节素材透明度。
- 隐藏关键帧（Hide Keyframes）：隐藏关键帧控制线。

显示关键帧控制线后，移动时间线到素材的相应位置，单击视频轨道面板中的按钮，就可以为素材添加关键帧了。

关键帧在控制线上以小圆点的形式出现，将鼠标指针移动到小圆点上，当指针的右下方出现黄色圈中的圆点图标后，按住鼠标左键拖动，就可以调整关键帧之间素材画面透明度的变化。

当添加了多个关键帧后，通过单击面板中的左右箭头按钮，可以使时间线标尺定位在不同的关键帧上。

如果要改变时间线（Timeline）窗口中素材的显示模式，单击视频轨道面板中的"设定显示风格(Set Display Style)"按钮,在弹出的下拉菜单中就可以选择素材的显示风格。下拉菜单中各选项的具体含义如下。

- 显示头和尾(Show Head and Tail):显示第一帧和最后一帧画面。
- 只显示开头(Show Head Only):仅显示素材的第一帧画面。
- 显示帧(Show Frames):以帧画面的形式显示素材。
- 只显示名称(Show Name Only):仅显示素材的名称。

3. 音频轨(Audio)

由于 Premiere Pro 支持 5.1 声道,因此就存在单声道(Mon)、立体声(Stereo)、5.1(5.1 声道)三种不同类型的音频轨道。不同的音频素材类型,将被放入不同的音频轨道中。

音频轨(Audio)素材的显示模式设置与视频轨道相似,在此就不再重复。音频轨中素材关键帧的显示和设置都与视频轨相似,不同的是音频轨还可以在轨道上设置关键帧,这样可以同时控制轨道上多个音频素材。下拉菜单中各选项的具体含义如下。

- 显示素材关键帧(Show Clip Keyframes):显示素材的关键帧控制线。
- 显示素材卷(Show Clip Volume):显示素材的容量控制线。
- 显示轨道关键帧(Show Track Keyframes):显示轨道的关键帧控制线。
- 显示轨道卷(Show Track Volume):显示轨道的容量控制线。
- 隐藏关键帧(Hide Keyframes):隐藏关键帧控制线。

在下拉菜单中选择"显示素材关键帧(Show Clip Keyframes)"或"显示轨道关键帧(Show Track Keyframes)"命令,则会在素材左上角出现"音量:旁路"和"轨道:音量"提示菜单。单击三角形向下按钮,则会展开其下拉菜单(选择"显示素材关键帧"和选择"显示轨道关键帧"会出现不同的级联菜单)。下拉菜单中各选项的具体含义如下。

- 轨道(Track):该项包括 Volume 和 Mute 两个选项。选择 Volume 就可以通过添加并移动关键帧来设置素材的音量变化。
- 面板(Panel):在该项中选择 Balance,就可以通过添加关键帧并上下移动关键帧来切换左右声道。

4. 标尺栏

在编辑影片的过程中,有时需要编辑较长的素材,在对这些素材进行操作时需要来回拖动滚动条,非常麻烦,而有时需要编辑的素材时间长度又非常短,很难对其细节进行操作。这时就需要修改时间线(Timeline)窗口中的时间单位。在 Premiere Pro 中,直接拖拉时间标尺栏上方的控制条两端,就可以达到改变时间单位的目的,非常方便。

Premiere Pro 将以前集成在 Timeline 窗口中的工具栏分离出来,并对工具栏进行了适当的简化。工具栏中各工具按钮的功能如下:

- 选择工具(Selection Tool):用于选择素材、移动素材、调节素材关键帧。同时,将该工具移放到素材的边缘时,光标会变成拉伸图标,就可以通过拉伸素材而为素材设置入点和出点。

图 9-9

● 轨道选择工具(Track Select Tool)：用于选择某一轨道上的所有素材。
● 波纹编辑工具(Ripple Edit Tool)：拖动素材的出点可以改变素材的长度，而轨道上其他素材的长度不受影响。
● 旋转编辑工具(Rolling Edit Tool)：用来调整两个相邻素材的长度，两个被调整的素材长度变化是一种彼此消长的关系，在固定的长度范围内，一个素材增加的帧数必然会从相邻的素材中减去。
● 比例伸展工具(Rate Stretch Tool)：对素材速度的调整。缩短素材则速度加快，拉长素材则速度减慢。
● 剃刀工具(Razor Tool)：用于分割素材。选择刀片工具后单击素材，会将素材分为两段，产生新的入点和出点。
● 滑动编辑工具(Slip Tool)：改变一段素材的入点和出点。保持其总长度不变，并且不影响相邻的其他素材。
● 幻灯片编辑工具(Slide Tool)：保持要剪辑素材的入点和出点不变，改变前一素材的出点和后一素材的入点。
● 钢笔工具(Pen Tool)：主要用来调整素材的关键帧。
● 手动工具(Hand Tool)：用于改变时间线(Timeline)窗口的可视区域，在编辑一些较长的素材时以方便观察。
● 缩放工具(Zoom Tool)：用来调整时间线窗口中显示的时间单位。按 Alt 键，可以在放大和缩小模式间进行切换。

四、实验步骤

1. 添加视音频素材到时间线

有两种方法可以向时间线上添加素材：第一种是将素材从管理窗口添加到时间线；第二种是从预监窗口中加载素材到时间线。

2. 从素材管理窗口添加到时间线

从素材管理窗口打开视音频文件，选择要加载到时间线的素材，点击素材管理窗口工具栏上的"自动适配时间线"按钮。

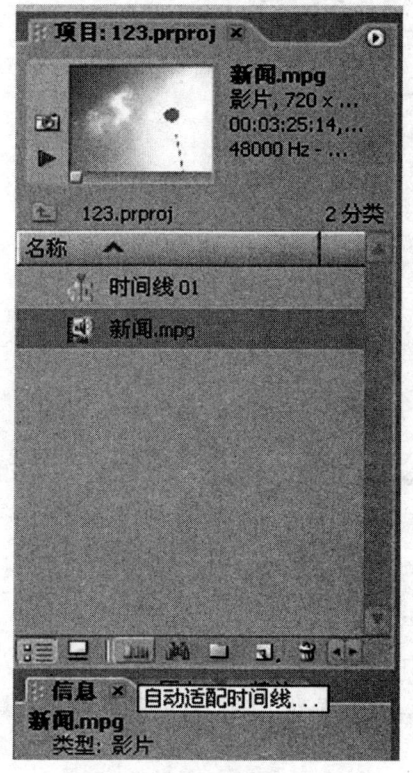

图 9 - 10

3. 从预监窗口中加载素材到时间线

从素材管理窗口打开视音频文件,双击此文件放置在预监窗口,对该素材打好出入点,点击预监窗口下端的工具栏里"插入"按钮,将素材加载到时间线上。添加的规律与从素材管理窗口中追加到时间线的规律相同。

从素材管理窗口打开视音频文件,双击此文件放置在预监窗口(或用鼠标拖放到窗口),对该素材打好入出点,拖住素材将其加载到时间线上,这种方式加载素材也分四种:填充、插入、覆盖和替换。

图 9-11

4. 在时间线(Timeline)窗口中剪切和编辑素材

时间线(Timeline)窗口中剪切素材的方法较多,利用出、入点工具也是一种较常用的方法,也可以在素材两端直接拖动剪切、使用剃刀工具或滚动工具等进行剪切。下面将了解这几种剪切方式的具体运用。

步骤1:直接拖动素材进行剪切。首先新建一个项目,将视频文件导入项目(Project)窗口中,选中该文件并按住鼠标左键不放,将它拖放到时间线(Timeline)窗口的视频轨道上。单击选择工具,然后将鼠标移动到要剪切素材的一端,当鼠标指针变为拉伸光标后,按住鼠标左键向左或右拖动,这时就可以对素材进行剪切或拉长。

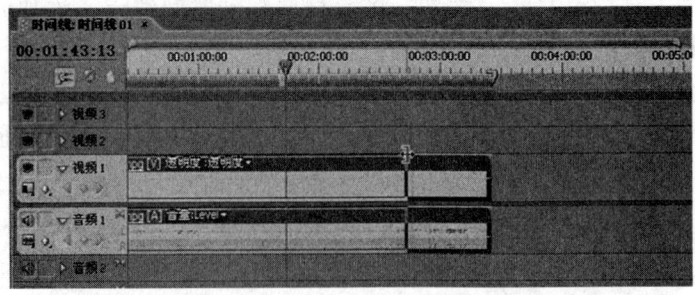

图 9-12

步骤2:使用剃刀工具,剪切素材。单击工具栏中的剃刀工具,将鼠标指针移动到轨道中的素材上,会发现指针变成了剃刀形状,此时在需要切断的地方单击鼠标左键,就可以将素材一分为二了。

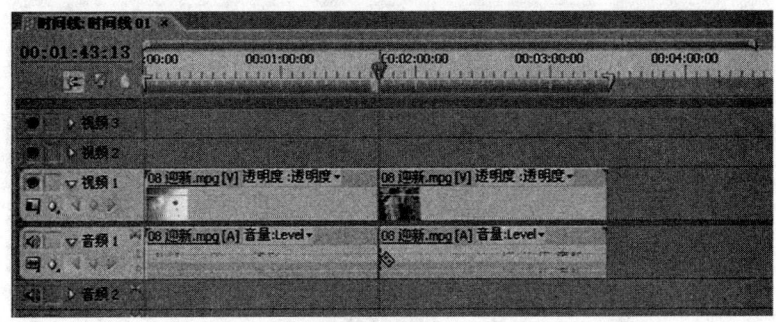

图 9 – 13

选中不需要的素材后单击鼠标右键,在弹出的菜单中选择"清除(Clear)"或"波纹删除"(Ripple Delete)命令即可删除。需要注意的是,选择"清除"命令删除素材后并不影响其他素材;而选择"波纹删除"命令,在删除素材后,后面的素材会自动前移来填补删除后留下的空缺。

5. 复制和粘贴素材

Premiere Pro 中,编辑素材也会常用到复制和粘贴命令,只不过多了几种粘贴方式而已。选择"编辑"(Edit)菜单命令,在下拉菜单中有粘贴(Paste)、粘贴插入(Paste Insert)和粘贴属性(Paste Attributes)几种粘贴方式。

(1) 粘贴(Paste)

这种方式是直接在时间线标尺处粘贴素材,当后边有其他素材时,所粘贴的素材会覆盖后边相应长度的素材,而时间线窗口中素材总长度不变。

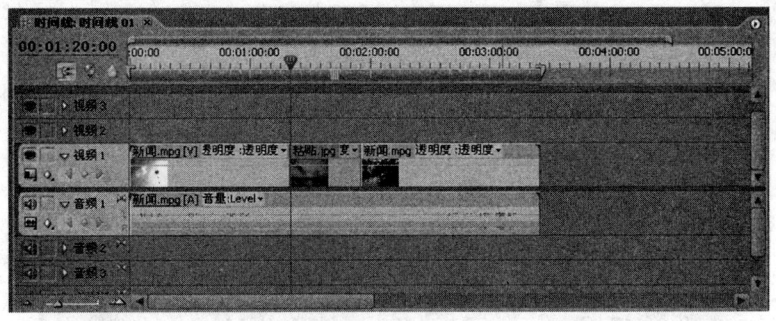

图 9 – 14

(2) 插入粘贴(Paste Insert)

这种粘贴方式虽然也是在时间线标尺处粘贴,但所粘贴的素材不会覆盖时间线标尺后边的素材,而是插入时间线标尺处并将时间线标尺后边的素材向后移动以让出位置,时间线窗口中整个素材的长度会发生改变。

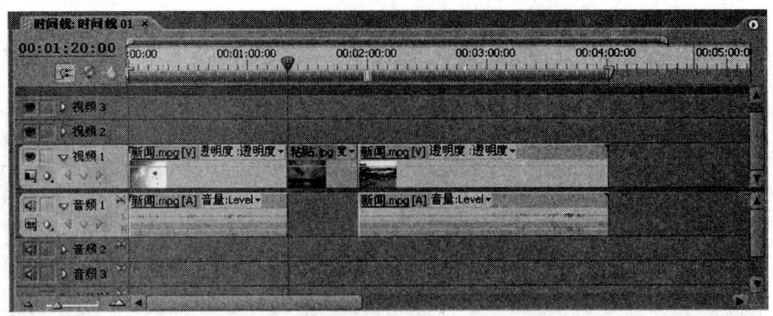

图 9-15

(3) 粘贴属性(Paste Attributes)

执行该粘贴命令时,可以将所复制的属性粘贴到新的对象上。例如,对素材"A"设置了运动效果,选择它并执行拷贝操作,然后选择素材"B"执行"粘贴属性"命令,那么,在素材"A"上设置的运动效果在素材"B"上也有效。

6. 分开和关联素材

在编辑过程中,有时需要把所导入素材的视频和音频分开,或者把不相干的视频和音频关联在一起,可以对这些素材进行分开或关联操作(又称为解除相关或建立相关)。

(1) 解除音视频链接

在项目(Project)窗口中导入一段带有视频和音频的素材,然后选中该素材,按住鼠标左键不放将其拖放到时间线(Timeline)窗口的轨道上。用鼠标选中并移动该素材时,会发现视频和音频始终作为一个整体在移动,这说明它们之间是相关的。

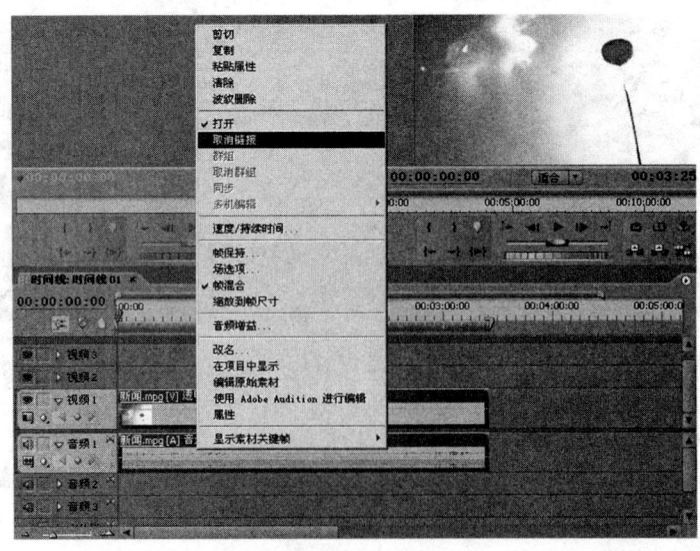

图 9-16

现在将把这段素材的视频和音频分开。先选中该素材,然后选择菜单命令"素材→解除音视频链接",现在执行和上一步相同的移动操作会发现,可以单独地移动视频或音频了。

(2) 链接音视频

如果需要把本身是分开的视频和音频关联起来作为一个整体,可以执行如下操作:

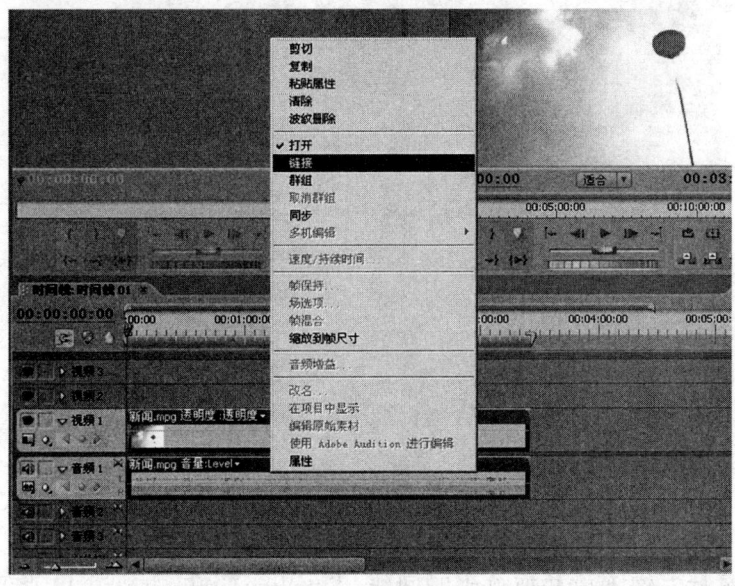

图 9-17

在项目(Project)窗口中分别导入一段视频素材和一段音频素材,然后选中这两段素材,按住鼠标左键不放将它们拖放到时间线(Timeline)窗口中的相应轨道上。单击选择工具,框选这两段素材,然后选择菜单命令"素材→链接音视频",这时候用鼠标选中视频或音频并移动,会发现它们已被关联在一起成为一个整体了,即已经成为一段同时带视频和音频的素材。

7. 插入和覆盖编辑

在编辑过程中,有时需要将某个素材插入到其他两个素材之间或某一段素材的任意两帧之间,这种操作称为插入编辑。插入编辑和前面讲到的波纹编辑类似,即操作都会影响到未锁定轨道上位于插入点右边所有素材在时间线窗口中的位置。因此,有时需要将其他轨道锁定以免该轨道上的素材受到插入编辑的影响。

(1) 插入编辑

下面分别介绍插入素材时的两种情况。

第一,在两段素材之间插入。在项目(Project)窗口中导入两段素材,然后选中这两段素材,按住鼠标左键不放并将它们拖放到时间线(Timeline)窗口的相应轨道上排列好,将要插入的素材放在其他轨道上以便对比观察。

将时间线标尺移动到两段素材之间,在项目(Project)窗口中选取要插入的素材,然后选择菜单命令"素材→插入",为了容纳所插入的素材,时间线标尺右边的素材会自动向后移动,这样原来的两段素材之间就插入了一段新的素材,而轨道上素材的总长度也发生了改变。

图 9-18

第二,在一段素材的相邻两帧之间插入。在项目(Project)窗口中导入一段素材,然后选中该素材,按住鼠标左键不放并拖放到时间线(Timeline)窗口的轨道上,将要插入的素材放在其他轨道上以便对比观察。

将时间线标尺移动到目标素材的两帧之间,在项目窗口中选取要插入的素材,然后选择菜单命令"素材→插入"。为了容纳所插入的素材,时间线标尺右边的素材会自动向后移动,这样就在这段素材中间插入了一段新的素材,而轨道上素材的总长度也发生了改变。

图 9-19

（2）覆盖编辑

覆盖编辑就是将原有的素材或空白位置用一段新的素材代替,和滚动编辑一样,不会对轨道上总的素材长度造成影响。

在项目(Project)窗口中选中素材,然后选择菜单命令"素材→覆盖"即可用当前素材覆盖视频轨道上时间线标尺后面的素材。在 Premiere Pro 中,还可以使用直接拖动的方式实现覆盖编辑,并且可以任意选择覆盖目标素材的位置和长度。因为它的操作和插入编辑类似,这里就不再细说了,可以自行对比操作。

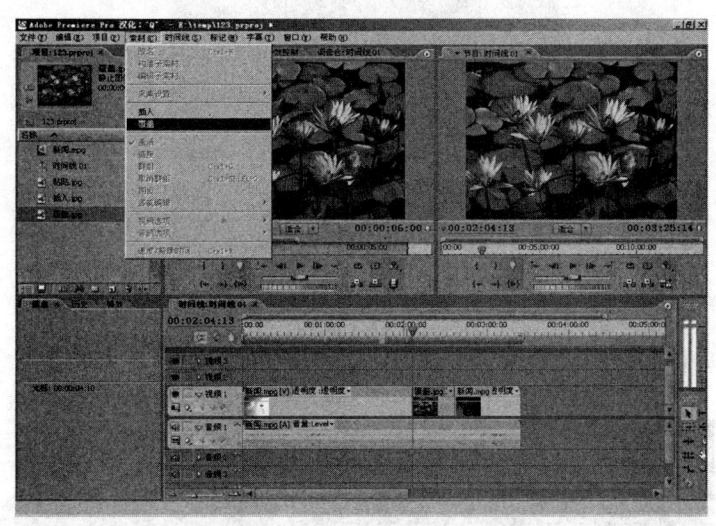

图 9 - 20

五、实验内容与操作

1. 实验内容

新闻压缩编辑。将一段新闻素材,在 Premiere Pro 中根据配音的长度,通过多次剪辑编辑和拼接,生成一段的新闻。

素材来源:素材库。

素材内容:三江新闻。

2. 实验操作

● 将素材库中的"新闻"和"配音"导入项目窗口。

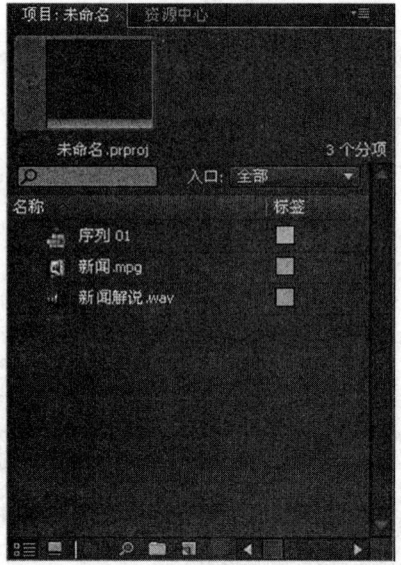

图 9-21

- 在项目窗口中选中素材"新闻",将其拖放到时间线窗口的视频轨道 1 上。

图 9-22

- 在项目窗口中选中素材"新闻解说",将其拖放到时间线窗口的音频轨道 2 上。

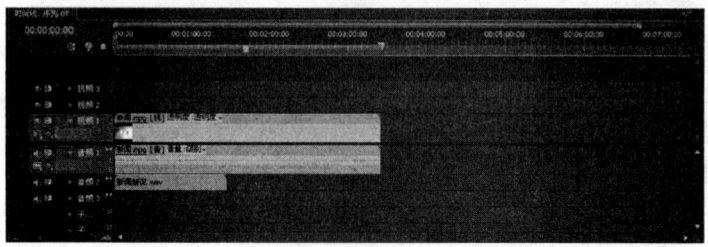

图 9-23

- 解除新闻素材中的音视频链接,然后删除原有的音频文件。

图 9-24

● 利用编辑工具窗口中的剃刀工具,将素材"新闻"分割成若干段。

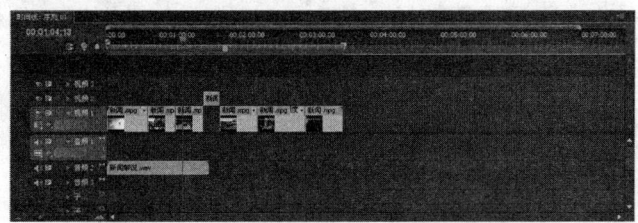

图 9-25

● 将剪裁下来的素材按照报道顺序重新编排。

图 9-26

● 根据配音素材的长度,进一步删减素材,直至新闻素材与配音同步。

图 9-27

剪辑时注意声音的完整性,如需重新配音,注意声画同步。重复以上步骤,直至剪辑成所需要的长度。

实验四　Premiere 视频转场的应用

一、实验目的

熟练地掌握 Premiere 视频转场的各种技巧及其应用。

二、实验预习要点

各种视频转场技巧的功能；创意一个电视广告，写出创意脚本，拍摄或寻找相关素材。

三、实验基本理论

视频转场是指为了让一段视频素材以某种特殊的形式转换到另一段素材而运用的**过渡效果**，即从前一个镜头的末尾画面到后一个镜头的开始画面之间加上一个**转场画面**，使前后两个画面以某种自然的形式过渡。

Premiere 系统包含视频切换和视频特效两个大类的视频效果，其中视频切换主要是运用于两段素材的融合，因此主要运用于转场。其主要包括 3D 运动、**伸展**、**划像**、**卷叶**、**擦除**、**滑动**等过渡特技。

（一）视频切换类特技

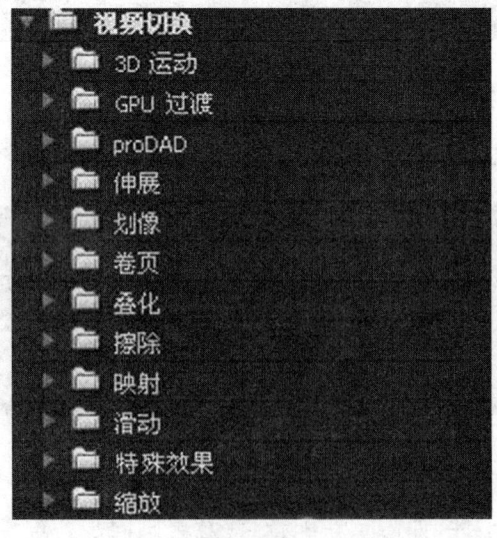

图 9-28

由上图可以看到,各个类别都采用目录树管理方式,常用的有:划像特技、3D 运动等各种特技。

1. 划像特技

划像特技是用来实现两段视频之间的划像转场,划像特技种类是固定的,可对其设置参数。默认情况下,Premiere 提供了一些常用的划像方式,具体的参数可以在视频轨上调整。

举例:使用划像交叉特技。两段素材之间的转换过程,一个素材片段被另一个素材片段通过交叉划像的方式代替。

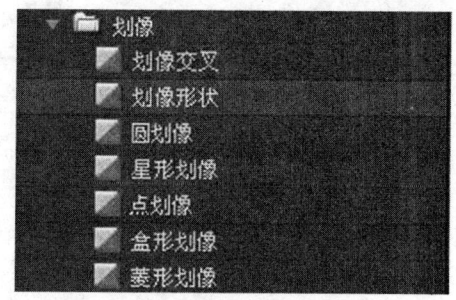

图 9 - 29

用法:首先找到视频 1 轨中需要做特技的点,用切刀工具将视频轨切开,并将后一段视频从视频 1 轨拖动到视频 2 轨,使两段视频产生叠放;然后将左侧的划像交叉特技拖动到视频 2 轨上叠放的部分,如图 9 - 30 的效果。

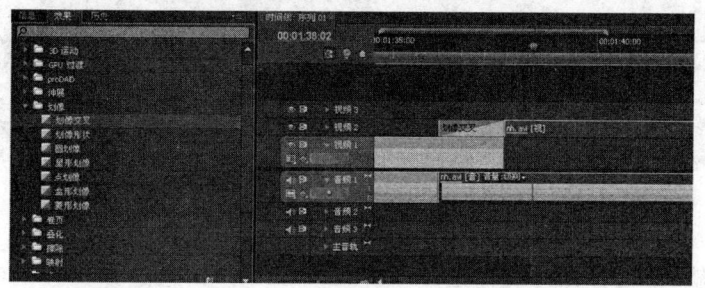

图 9 - 30

点击视频 2 轨,出现特技的调整画面,如图 9 - 31 所示,通过该面板的参数修改,可以改变该特技的效果。设置完毕,可以用空格键观看特技的效果。

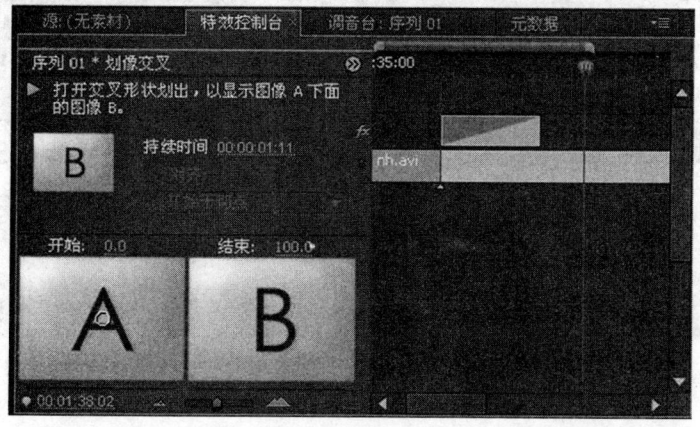

图 9 - 31

需要清除该特技的话,可以在特技部分单击鼠标右键,出现"清除"字样,即可清除该特技。

2. 3D 运动

两段素材之间的转换过程,一个素材片段被另一个素材片段通过 3D 运动的方式代替。

Premiere 主要提供了向上折叠、窗帘、摆入、摆出等特技。

举例:使用向上折叠特技。

用法:首先找到视频 1 轨中需要做特技的点,用切刀工具将视频轨切开,并将后一段视频从视频 1 轨拖动到视频 2 轨,使两段视频产生叠放;然后将左侧的向上折叠特技拖动到视频 2 轨上叠放的部分,如图 9-33 的效果。

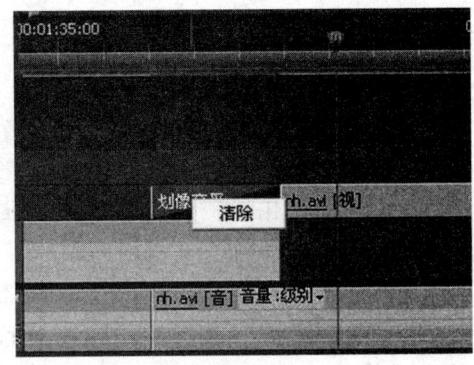

图 9-32

图 9-33

点击视频 2 轨,出现特技的调整画面,如图 9-34 所示,通过该面板的参数修改,可以改变该特技的效果。设置完毕,可以用空格键观看特技的效果。

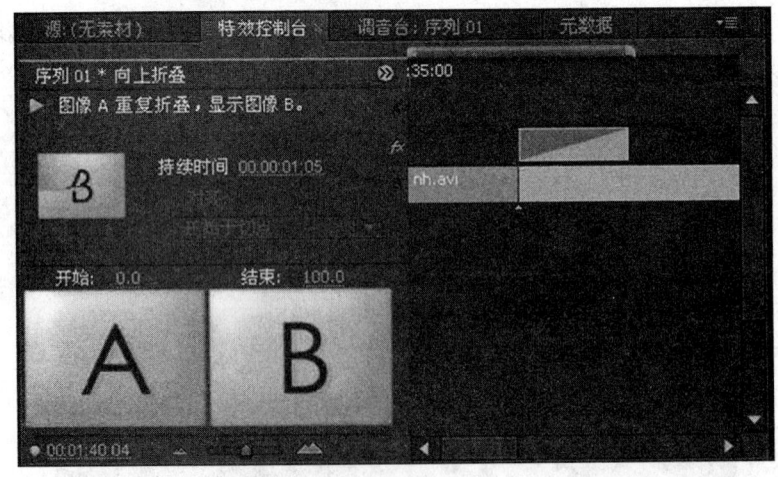

图 9-34

需要清除该特技的话,可以在特技部分单击鼠标右键,出现"清除"字样,即可清除该特技。

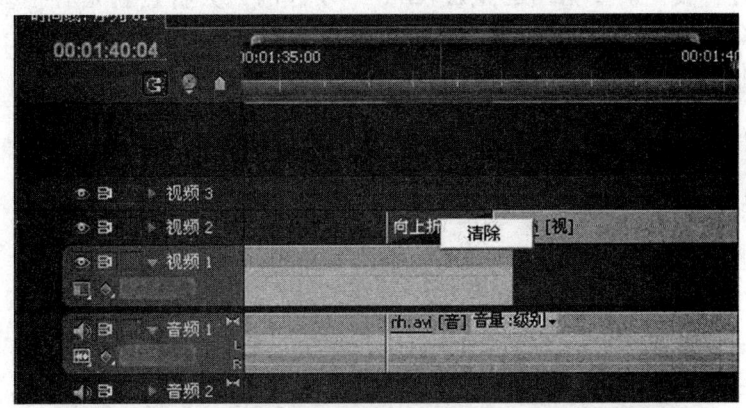

图 9-35

（二）视频特效类特技

图 9-36

由图9-36可以看到,各个类别都也采用目录树管理方式,常用的有:**图像控制**、**模糊与锐化**、**扭曲**等各种特技。需要指出的是,Premiere软件的一大特点就是有很多的第三方插件可以使用,很多时候,默认的配置中的特技仅仅提供一些基本的功能,而第三方插件可以提供更多丰富的运用方式和效果。因此,可以根据自己的需要,选装各种插件。

(三)图像控制特技

主要是用来调整校正图像的颜色等。

图 9-37

举例:使用颜色平衡特技。通过颜色的平衡的调整,使画面的色彩发生改变,从而产生新的效果。

用法:直接将左边的色彩平衡特技拖拽到需要使用特技的视频轨道上即可。需要注意的是,与前面的切换特技使用上不同,视频特效特技针对的是整段的视频轨,也就是说,该段视频轨的长度就是该特技的使用长度,而且不需要与其他视频轨发生叠放。因此,大家在使用的时候,可以灵活使用切刀工具来安排特技长度。如图9-38的效果。

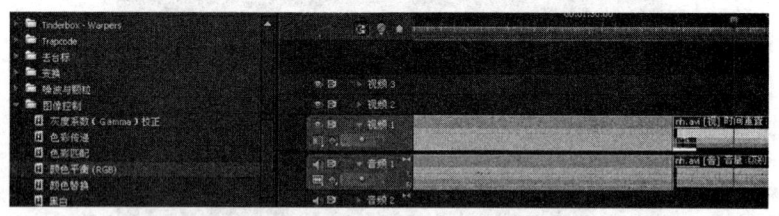

图 9-38

点击需要使用特技的视频,出现特技的调整画面,如图9-39所示,通过该面板的参数修改,可以改变该特技的效果。设置完毕,可以用空格键观看特技的效果。

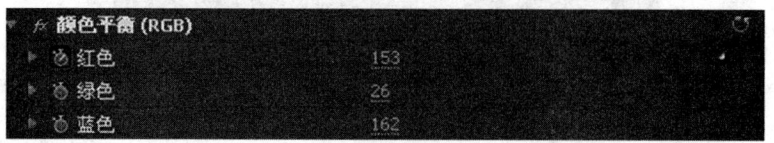

图 9-39

需要清除该特技的话,可以在特技部分单击鼠标右键,出现"清除"字样,即可清除该特技。

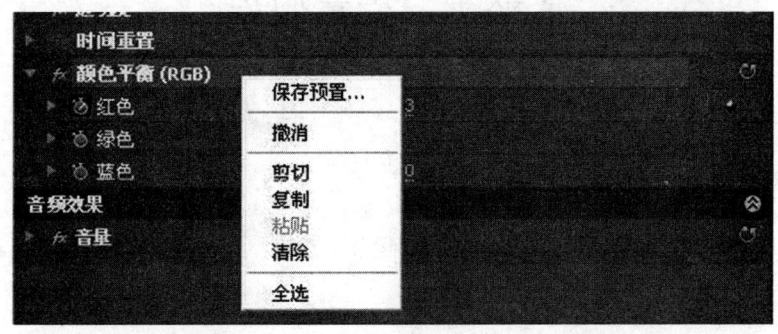

图 9 - 40

四、实验内容与步骤

1. 实验内容

根据现有的素材及系统所提供的各种过渡特技,在每个段落或每个镜头之间添加各种过渡效果、对单个素材进行特技处理。

2. 实验步骤

● 打开项目文件(或新建项目),将新闻联播素材添加到时间线,播放并记录新闻联播内容。

● 根据记录内容选择每条新闻端点,用剪辑工具(刀片工具)剪断(分解新闻内容)新闻素材,将新闻联播分成若干个新闻片段。

● 选择欲保留的新闻内容分别添加至视频 1 轨、视频 2 轨。

● 试着在轨道上运用视频切换的各种特技。体会使用的效果。

● 根据需要设置参数。

● 不断播放素材观看效果、修正参数直至满意为止。

实验五　字幕制作

一、实验目的

熟练掌握 Premiere 字幕菜单、字幕工具的运用，能灵活地运用这些技术创建、修改、设计出多姿多彩的字幕。

二、实验预习要点

Premiere 字幕编辑器中的字幕工具区、字幕属性区、字幕工作区、字幕样式区，参数设置与功能。

三、实验基本理论

字幕是影视中一种重要的视觉元素。使用字幕不仅可以为影片增色，还有助于观众对影片的理解。Premiere 提供了非常强大的字幕功能。

1. 基本制作方法

首先，点击【文件】—【新建】—【字幕】(或者 Ctrl+T)，可以看到以下菜单。

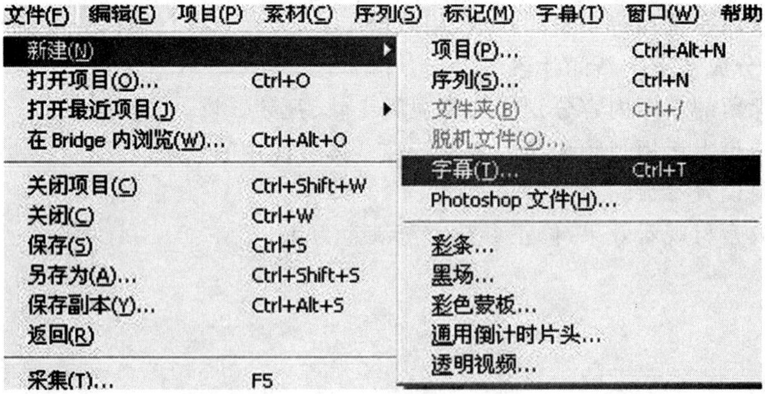

图 9-41

单击后，可以看到一个设置窗口。

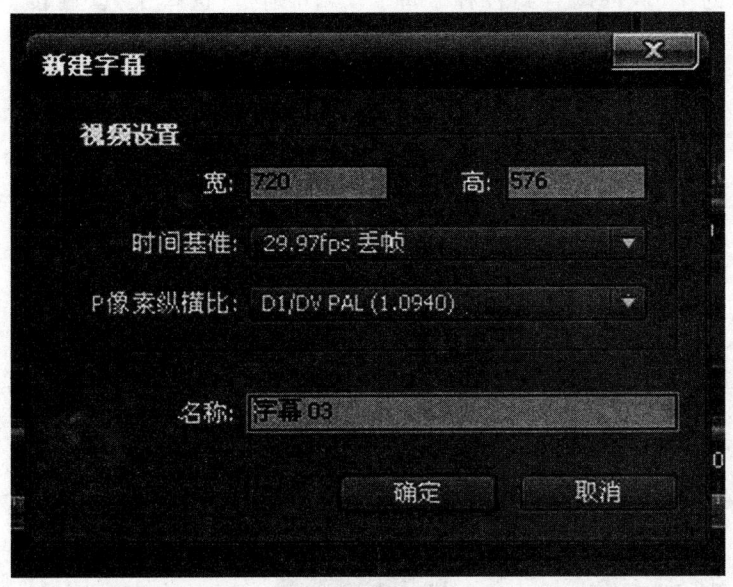

图 9-42

在这个窗口中,可以设置字幕文件的画面大小等参数。单击确定后,便进入了 Premiere 的字幕制作窗口。(如图 9-43)

图 9-43

在这个窗口的左边,可以看到各种字母工具,分别是:选择工具、旋转工具、水平文字工具、垂直文字工具、钢笔工具、矩形工具、圆形工具等。

图 9-44

单击文字工具 ,即可开始制作字幕文件。在画面的合适位置单击,即可出现文字输入框。

图 9-45

由图 9-45 可以看到,字幕处于编辑状态,所以可以看到字幕字体外的白色外框。单击这四个字的输入框,可以看到右侧的字体文件属性,大家可以按照需要调整。

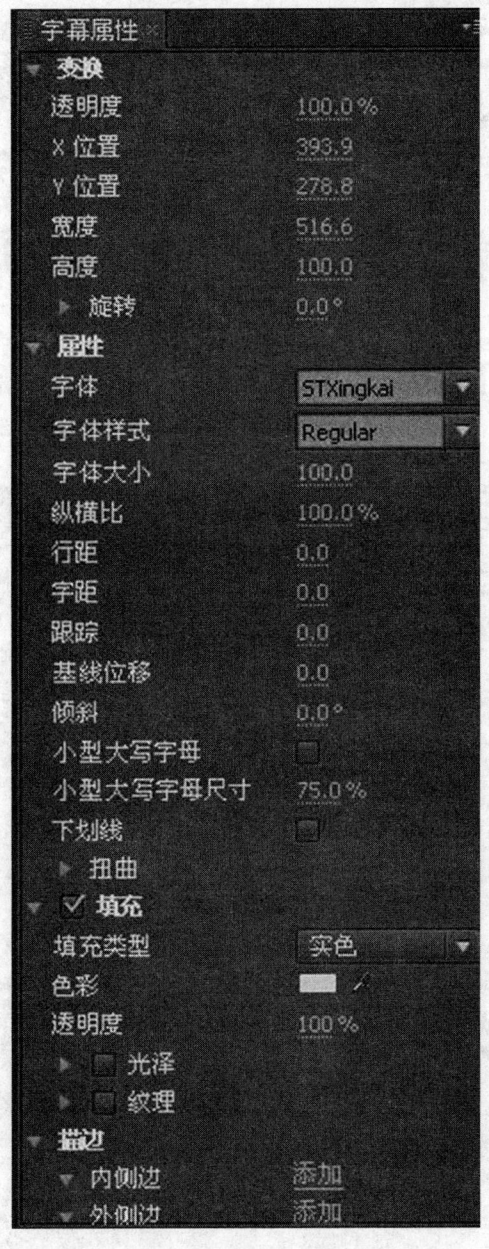

图 9-46

另外,Premiere 还提供一个字体样式的列表,这样可以很快捷方便地得到想要的字幕。

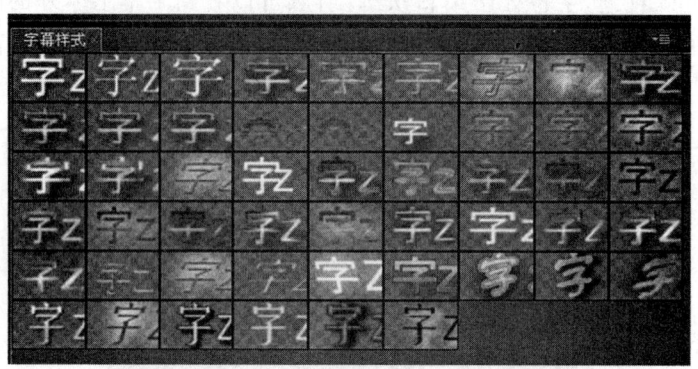

图 9-47

大家可以按照需要进行参数的调节。调整到满意以后,关闭字幕对话框,回到编辑线的画面,这时,大家可以发现,在素材框内出现一个字幕文件,即刚才编辑的字幕。

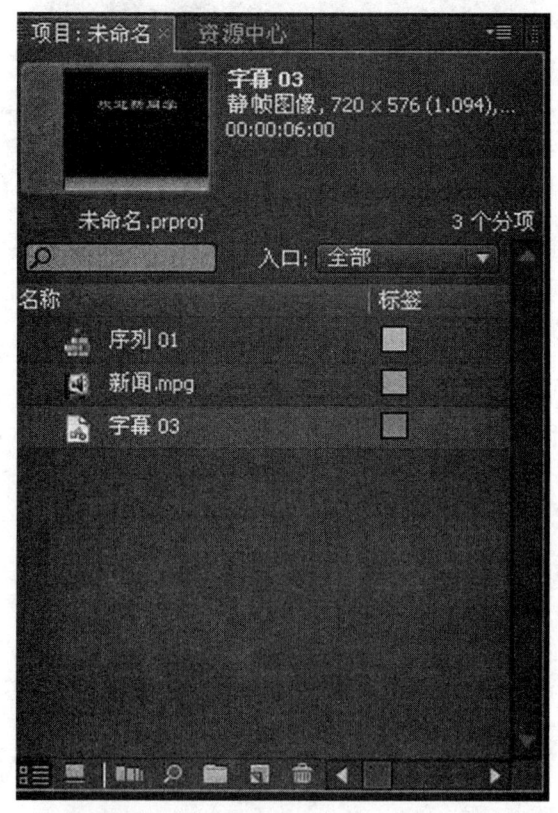

图 9-48

将该字幕拖至新的视频轨,即可将字幕叠加到画面中来,调节字幕轨的长度,即可以调节字幕所出现的时间。

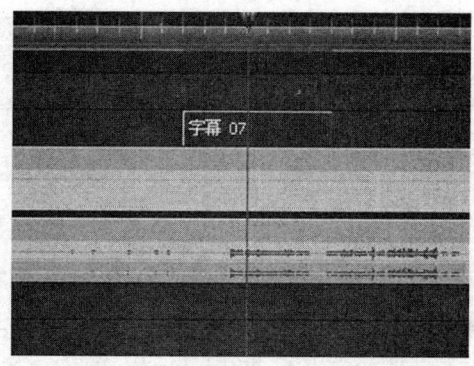

图 9-49

2. 滚动字幕的制作

在视频编辑的过程中,经常需要使用动态的字幕。这与前面所讲的普通静态字幕有所区别。具体做法如下:

首先,点击菜单栏中【字幕】—【新建字幕】,可以看到以下菜单。

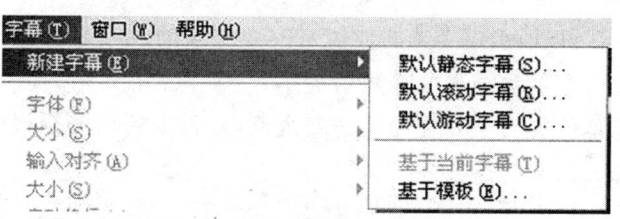

图 9-50

单击默认滚动字幕,弹出如下对话框。

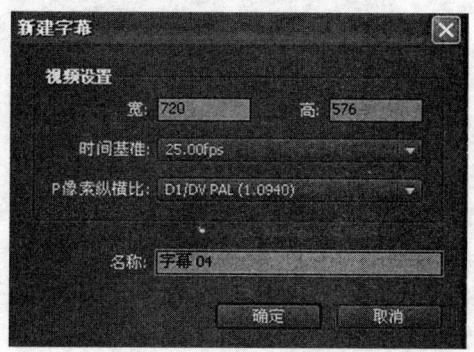

图 9-51

单击确定,弹出下面窗口。

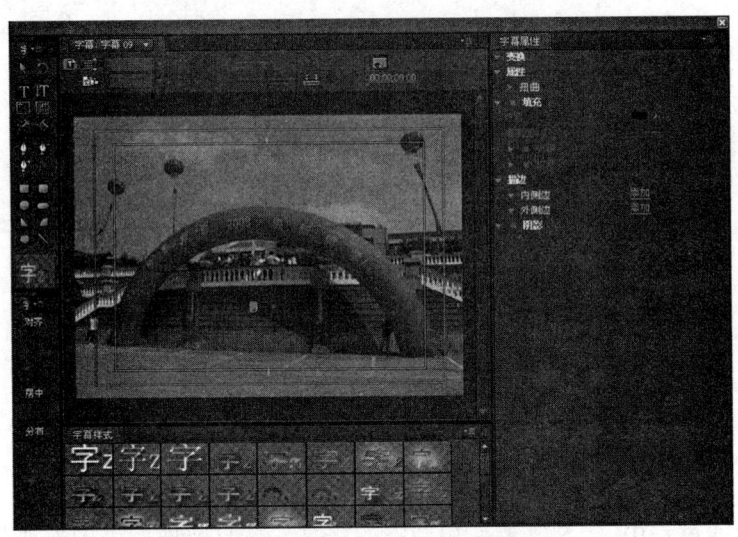

图 9-52

单击文字工具 T ,即可开始制作字幕文件。在画面的合适位置单击,即可出现文字输入框。

在输入文字以后,可以改变 T 38.4 的数值来改变文字的大小,具体方法是鼠标指针移至该图标上,按住鼠标左键,左右移动来改变数值大小。

需要注意的是,字幕位置大小要在相应的安全框内,否则超出安全框的部分有可能看不到。输入后,单击 ,看到如下对话框。

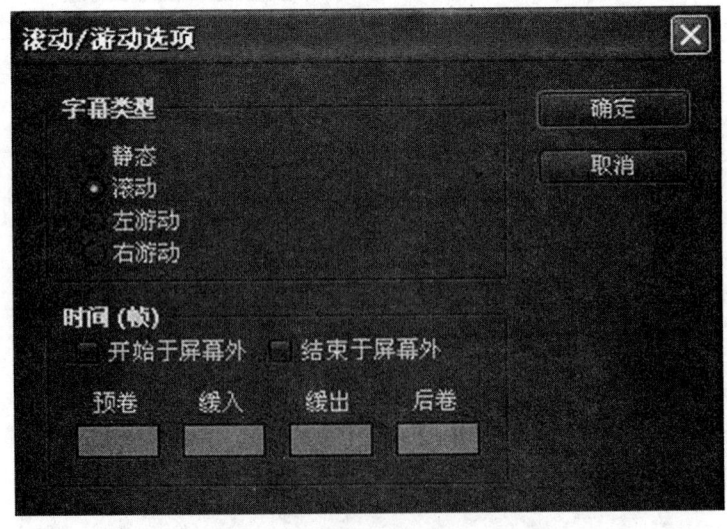

图 9-53

可以在这个对话框设置缓入和缓出的帧数,让字幕画面更加平顺地移动。单击确定保存后,把字幕拖拽到视频轨中,调整长度后,按播放键,便可以在监视器窗口中看到字幕的实际效果了。

图 9-54

修改字幕轨道的长度,可以改变字幕的滚动速度。其他的设置和前面的字幕设置基本一致。

3. 实验内容与步骤

在矩形色底上加字幕(新闻内容或报道记者)。

新建一个字幕文件,然后修改文字的字体、大小、颜色等,并保存该字幕文件,然后拖入视频轨,熟悉其使用方法。

实验六 影片的输出

一、实验目的

熟练掌握 Premiere 影片合成的视频文件格式的选用及影片输出的基本操作方法。

二、实验预习要点

影片输出的文件格式、影片合成的各项参数设定、视频文件的输出、静态图片的输出、音频文件的输出。

三、实验基本理论

可以输出的影片格式一般要求在视频卡或者其他软件的插件中都能支持。常用的影片输出格式有：Micrsoft AVI，全称为 Audio Video Interleaved，是在 Windows 操作系统中使用的视频文件格式；Animated GIF，GIF 动画文件可以在网页上显示视频的运动画面，不包含音频成分；Fistrip，输出成电影胶片，不包括音频；Fie/Fi，支持系统的静态画面或者动画；QuickTime，可用于 Windows 和 MacOS 系统上的视频文件，适合于网上下载；Targa、TFF、BMP、GIF 图像序列（Sequence）；流行的 RM 媒体文件，可在 Realplayer 中播放；新增的 Windows 媒体文件，包括 WMA（音频）和 WMV（视频）；Windows Audio Wavefor，音频文件格式，扩展名 WAV。这是在 Windows 系统和网络上通常使用的一种音频格式。

四、实验内容与步骤

1. 实验内容

- 单独将一段视频输出；
- 单独将一段音频输出；
- 输出一段序列图片（TGA）；
- 输出一段完整的音视频文件（AVI 或 DVD 格式）。

2. 实验步骤

对时间线上的片段节目或整片节目（输出）打包，可合成多种格式的视音频文件，支持使用第三方插件。通过【文件】—【导出】—【媒体】调出打包窗口弹出对话窗口。

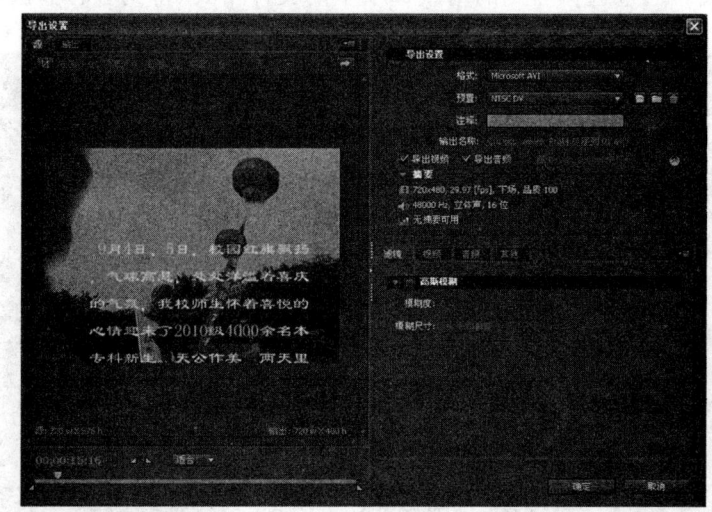

图 9-55

设定渲染区域。拖动时码线工具栏下面的浅黄色亮条两端位置,设定渲染区的位置和长度,也就是设置入点和出点。

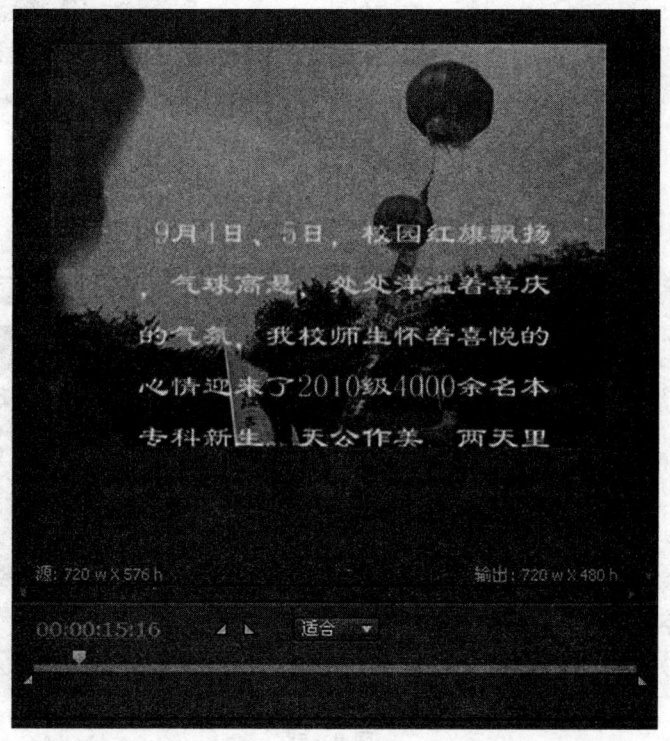

图 9-56

设置打包格式。通过选择右侧的格式选项中的文件格式,得到各种输出的格式。

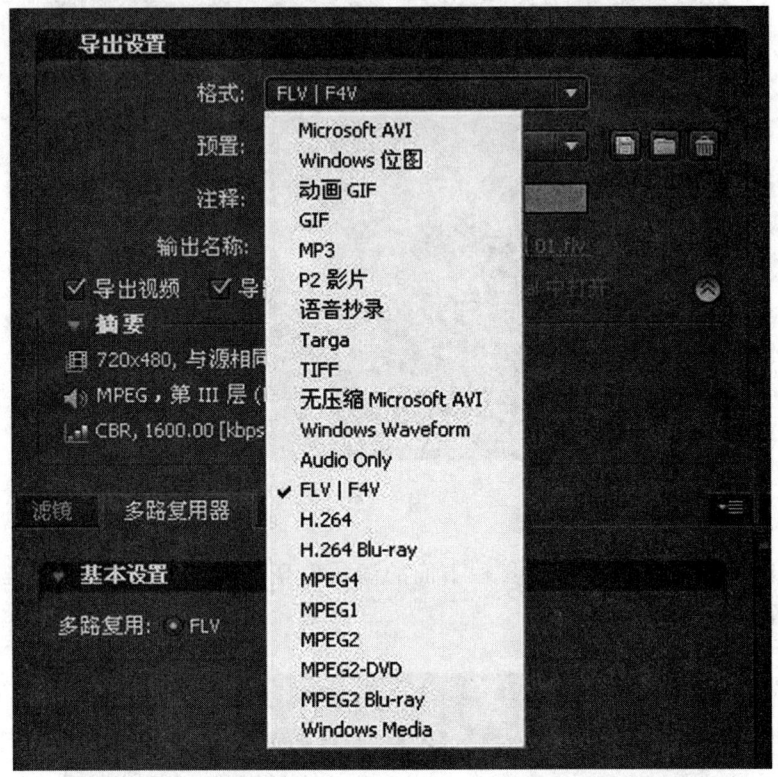

图 9-57

选择好相应的文件格式之后,点击确定,即出现以下对话框。

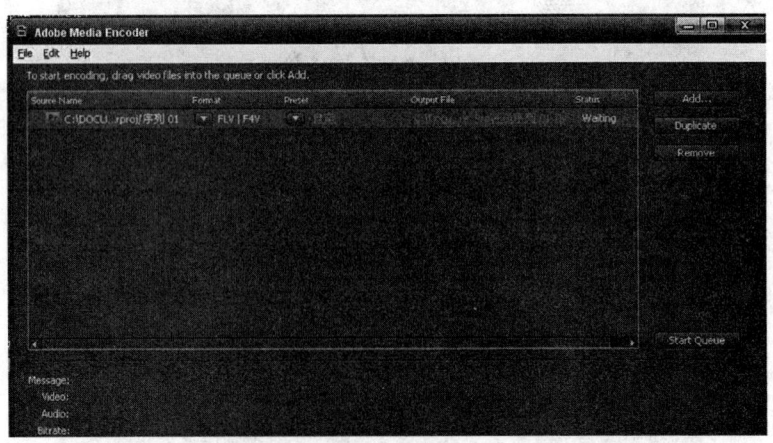

图 9-58

点击 Start Queue，即开始渲染刚才选定的影片，最后合成。合成是系统打包，默认使用 Adobe Premiere 自带的编码器进行编码，也可以使用其他的编码器。如果想要得到较好的画质，可以选择无压缩的 Microsoft AVI 模式编码，虽然得到的文件较大，但是画面损失小。如果后期想要压缩成其他的格式，可以通过 Canpous Procoder2.0 软件来实现，这个软件除了支持多种文件格式以外，同时画面的压缩质量也是公认较好的。

需要注意的是，由于 Premiere 版本的不同，在输出界面上会有少许的区别，大家在实践过程中，可以注意观察各个参数的调节方法。

编码结束后，在默认（或者预先指定）的目录下面，可以看到压缩好的文件，大家可以打开观看最后的压缩效果。

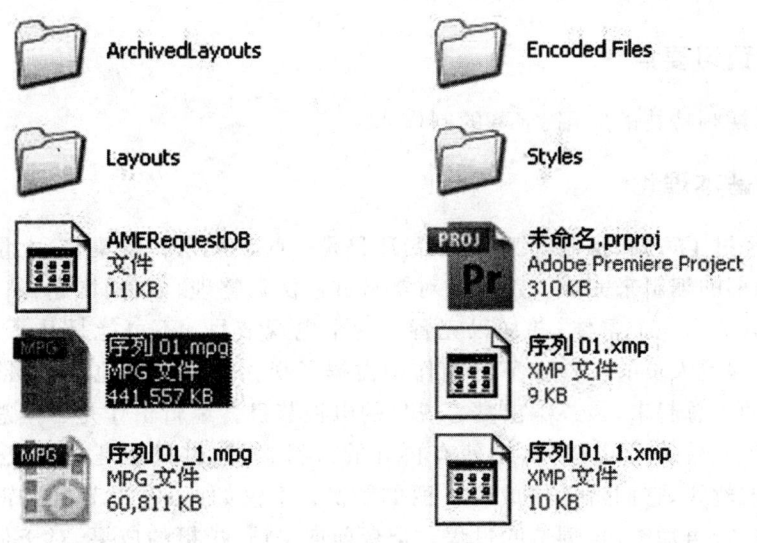

图 9-59

另外，大家不要忘记保存自己的工程序列文件，如果发现有需要改动的地方可以重新调出来修改。

实验七 综合练习

一、实验目的

通过综合练习,利用本课程所学的非线性编辑技术制作新闻节目,熟悉并掌握节目制作过程及技巧。

二、实验预习要点

视频转场、视频特技的应用、字幕的制作。

三、实验基本理论

电视节目经过了策划、摄制等工序之后,还只是一些零散素材的集合,大量的整理与加工工作,都要靠后期的编辑来完成。首先是对素材进行认真整理、取舍、增删,然后要进行加工、修补、串联,使其成为一个整体,并加以完善。一个电视节目,不可能是几个人策划、采访一下就能做成的,编辑人员的工作在节目制作中占据了很大比重。是他们将摄像采访、文字写作等人员的劳动汇总起来,最终编出赏心悦目的电视节目。编辑工作是一个总体整合加工的过程。如果没有最后的编辑工序,即使有再好的节目素材,也只能是一些散落的珠子,缺了编辑这根串珠的丝线,它们就无法成为美丽的饰品。不仅如此,电视节目编辑还是一个对已经摄录的材料进行再加工、再创造的过程。记者前期采访、拍摄的成果,对于他们自身而言是一种最终产品,但到了编辑手中,还只是加工的素材。他们首先要按照一定标准对素材进行筛选,这本身就是一种追求新颖性、深刻性的创作过程。

电视节目编辑就是通过剪辑几秒或是几十秒的精彩镜头,将它们有机地组接在一起,经艺术化处理,向观众展示与介绍节目主旨的艺术化过程。

四、实验内容与步骤

1. 实验内容

将一个完整的新闻联播节目,压缩成十分钟的内容,并为其添加字幕、特技、效果等。输出成 DVD 格式并刻成光盘。

2. 实验步骤

● 打开 Premiere 非线性编辑系统,建立一个工程文件,导入所需素材;
● 将素材导入并加入到时间线;
● 剪辑素材;

- 制作字幕,主要含有片头字幕、新闻标题、采访同期声、片尾制作人员字幕;
- 添加过渡效果(转场);
- 制作视频特效;
- 打包输出;
- 刻盘。

思考题

1. Premiere Pro CS4 的各个窗口有何作用?
2. 素材采集前先要设置哪些必要的参数?说明各参数的功能。
3. Premiere Pro CS4 各种特技有什么共同的特点?
4. Premiere Pro CS4 的字幕如何可以做得更灵活,更加符合画面。
5. 尝试使用游动字幕方式,制作一下卡拉 OK 歌曲的歌词。
6. 用各种格式输出同一视频,比较一下各种格式间的区别。